保定市
木本粮油树种
栽培技术

冯冠军　安文义　王红霞　编

河北大学出版社
·保定·

出 版 人：刘相美
责任编辑：陈学志
装帧设计：王占梅
责任校对：刘景坤
责任印制：常　凯

BAODING SHI MUBEN LIANGYOU SHUZHONG ZAIPEI JISHU

图书在版编目（CIP）数据

保定市木本粮油树种栽培技术 / 冯冠军，安文义，王红霞编 . -- 保定：河北大学出版社，2024. 12.
ISBN 978-7-5666-2588-5

Ⅰ . S759.3；S727.32
中国国家版本馆 CIP 数据核字第 2024540RT5 号

出版发行：河北大学出版社
地址：河北省保定市七一东路 2666 号　邮编：071000
电话：0312-5073019　0312-5073029
邮箱：hbdxcbs818@163.com　网址：www.hbdxcbs.com
经　　销：全国新华书店
印　　刷：保定市文昌印刷有限公司
幅面尺寸：185 mm × 260 mm
印　　张：15.75
字　　数：256 千字
版　　次：2024 年 12 月第 1 版
印　　次：2024 年 12 月第 1 次印刷
书　　号：ISBN 978-7-5666-2588-5
定　　价：278.00 元

编 委 会

主　编：冯冠军 安文义 王红霞

副主编：郭宾良 赵智慧 马长明 耿晶晶 王东升

编　委：（以姓氏笔画为序）

于春彦 于瑞丽 马长明 王东升 王文江 王红霞 王秀峰 方宏印

田　义 田继强 卢启辰 李春霞 李　伟 冯冠军 刘军峰 刘　凯

刘立峰 安文义 安秀红 白志贵 邱丽霞 何富强 张志华 张叶薇

张京政 张　锐 庞锦轩 赵书岗 赵住伟 赵智慧 赵　靖 孟庆星

郝俊梅 胡　玥 耿晶晶 郭宾良 盛　利 商素娟 韩　煜 雷　玲

前 言

木本粮油树种，如文冠果、核桃、板栗、柿子和枣等，是指那些以生产可替代粮食或可榨油的果实和种子为经济价值核心的树木。这些树种不占用耕地资源，不与人类粮食需求产生竞争，有助于缓解粮油供需紧张局势，减少对进口的依赖，是我国确保粮油供应安全的重要且具有潜力的树种。随着我国农村经济结构的优化和产业的发展，木本粮油树种因其果实和木材的双重价值、生态绿化效益、易于管理以及较高的产量，在农村经济中占据了关键地位。近年来，党中央、国务院，以及地方政府陆续推出了支持木本油料、木本粮食和特色杂果等优势经济林和特色经济林发展的政策，促进了木本粮油产业的快速发展。随着国内木本粮油市场的繁荣，优质果品的大量上市极大丰富了消费者的饮食选择。

2022 年，保定市委市政府作出战略决策，大力发展以文冠果为核心的木本油料产业，并着手创建保定国家木本油料产业高质量发展乡村振兴示范区。此举旨在塑造乡村产业发展的全新格局，助力打造具有现代化品质的生活之城。随着保定国家木本油料产业高质量发展乡村振兴示范区的成立，保定木本粮油产业迎来了空前的发展机遇。为了生产出无污染、富含健康营养的木本粮油产品，高效且安全的栽培技术是不可或缺的基础。通过高起点的规划、高标准的执行和高规格的栽培管理，我们全力以赴确保全国木本油料产业高质量发展乡村振兴示范区的建设，为“激情奋进‘十四五’，再造一个新保定，推动现代化品质生活之城建设”贡献我们的力量。

然而，在全国木本粮油产业快速发展的大背景下，保定市的木本粮油产业也遭遇了挑战，如产销不畅、价格下滑、投入产出比降低等问题，尤其是核桃和枣产业受影响最为显著。为了推动木本粮油产业的健康发展，保定市林草种苗管理站组织专家编写了《保定市木本粮油树种栽培技术》一书。该书全面、系统、详细地介绍了文冠果、核桃、柿子、枣和板栗这五个主要木本粮油树种的产业概况、生产中应用的优良品种、优质苗木繁育技术、标准化建园技术、栽培管理技术以及果实采收、贮藏和加工技术等。本书力求反映保定市木本粮油产业发展的实际情况和特点，通过充分的论据分析当前生产中的关键技术问题，并提出相应的解决策略，为从事木本粮油产业的科研、教学、技术推广、组织管理和产业经营人员提供技术、科学依据以及促进产业发展的意见和建议。该书的出版和发行，将对提升保定市木本粮油树种的栽培技术产生积极的促进作用。

本书的编写团队由长期从事木本粮油科研、生产、教学和技术指导的专家组成，他们经验丰富，具有一定理论水平。在编写过程中，编者采用了图文并茂的方式，力求使内容技术先进、科学实用、易于理解，并具有良好的可操作性。鉴于各地品种繁多，管理经验各异，尽管编写团队努力做到全面，但仍可能存在疏漏和不当之处，我们诚挚地希望读者和同行专家提出宝贵意见和建议。

编者

2024 年 12 月

目录

第一章 文冠果栽培管理技术

第一节 概述

一、文冠果价值

文冠果，作为我国独有的原生树种和油料树种，不仅展现出卓越的抗旱和耐寒特性，还拥有极强的土壤适应性以及出色的观赏价值。它集能源、经济、药用、营养、观赏和生态价值于一身，是一种多功能的林果树种。文冠果全身上下都是宝：文冠木本身可作为珍贵的中药材和高档木材；其树叶是食品、饮料、保健食品、医药和饲料生产中的优质原料；花朵可转化为保健食品、饮料、新型食用香精和日化产品的珍贵原料；果实的外壳可作为日化、医药、保健食品、食品添加剂和饲料的创新原料；种子是生产食用油和生物质能源柴油的稀有原料；而种子去仁后的种皮，则是制造软木制品、高档密度板材和优质活性炭的理想原料。

（一）食用价值

文冠果作为我国独有的油料树种，其种仁含油量高达 66.4%—72.6%，油脂中含油酸 38.9%、亚油酸 40.2%。它被誉为“北方油茶”，种仁含油量介于 66.32%—70.05%，种子含油率介于 30.25%—70.03%，能够从中提取丰富的食用油和生物柴油。文冠果油因其含有大量不饱和脂肪酸，品质上乘。

文冠果种子的含油量超过 30%，而种仁的含油量更是高达 50% 以上，油质微黄透明，品质卓越，甚至超越橄榄油，是天然植物食用油中的极品。文冠果种子富含脂肪酸，总量多达 15 种。其中，不饱和脂肪酸的含量远超饱和脂肪酸，且全部为人体维持健康所必需的脂肪酸。特别是亚油酸的含量，在所有饱和脂肪酸中占比最高，达到 90%，这一比例甚至超过了山茶油和牡丹籽油。

（二）药用价值

文冠果的叶片和茎部具备祛风除湿、消肿止痛的疗效。在《本草纲目》中，文冠果被称作文冠树，也有“文光果”和“天仙果”之称。服用水煮文冠果，或者将文冠果的叶片熬制成膏药外敷于患处，可以有效缓解风湿性关节炎的症状，减轻疼痛感。

文冠果的果壳不仅适用于制造肥皂和护肤品，还具有显著的医疗保健价值。果壳中含有的黄酮类化合物，能够改善记忆力、具有抗癌效果、有助于治疗心脑血管疾病、抗炎作用以及抑制多种生物活性。文冠果油中所含的亚油酸是“益寿宁”的主要成分之一，具有显著的降血压效果。

此外，研究显示，文冠果提取物能够抑制 IIV 蛋白酶的活性。这一发现为开发抗艾滋病药物提供了重要的物质基础，对于攻克治疗艾滋病这一全球性的医学难题具有深远的意义。

（三）观赏价值

文冠果，自古以来便是中华吉祥庭院中的优选树木，因其卓越的观赏价值而备受青睐。它的花期可长达 25 天，从 4 月中旬持续至 5 月中下旬，通常在杏树和桃树的花期之后，花朵繁多，因此成为城市绿化中理想的树种。文冠果的花型和花色种类繁多，主要分为单瓣和重瓣两大类。单瓣花包括白色和红色两种类型，其中白花型初开时花瓣基部呈黄绿色，随着时间推移，基部逐渐转为红色或紫红色；红花型则初开时花瓣呈黄色，随后逐渐变为红色，极具观赏魅力。重瓣花虽然不能结果实，但其花朵繁盛，树势旺盛。文冠果的果实形态各异，有圆球形、扁圆形、圆柱形、倒卵形、桃形、三棱形等多种形状。通常情况下，心皮数量为 3，但也有 4—5 心皮的果实。从开花到果实成熟，一般需要 7—8 个月的时间，成熟时果皮呈绿色，部分泛红，有的果实顶端会轻微开裂，露出内部饱满的黑色种子。此外，文冠果的树形可通过人工修剪来控制，创造出多种形态，形成独特的景观。它还可以被加工成切花或大中型盆景，进一步提升其观赏价值。

（四）生态价值

文冠果，作为我国北方地区特有的生态先锋植物，以其发达的根系和丰富的菌根著称，这些特征不仅有助于根部的生长和养分吸收，还赋予了它卓越的保水能力。此外，文冠果的叶片也展现出显著的抗旱特性。其叶片表皮细胞覆盖着较厚的角质层和细胞壁，有效减少了水分的蒸腾损失，并能反射强烈的阳光。叶肉组织内的输导组织和维管束鞘伸展区发达，栅栏组织的增加不仅强化了光合作用，而且在水分供应充足时，还能提升旱生植物的蒸腾效率。在光合作用过程中，文冠果叶片释放的氧气化合物还含有微量元素，对铅和镐等有害物质具有富集作用，有助于中和空气中有害成分，对改善空气质量具有显著意义。

文冠果具有很强的抗旱、耐瘠薄和抗寒能力，能在沙荒地、沟壑、裸露岩石以及半固定和固定沙区生长，生命力极为顽强。即便在干旱的新疆、宁夏等地区，文冠果也有广泛的分布。作为防风固沙和治理荒漠的重要树种，文冠果不仅在水土保持方面表现出色，还具备强大的生态修复功能，即便遭受严重的自然灾害，文冠果也能迅速自我调节和恢复。因此，文冠果不仅在北方地区作为主要油料树种占据重要地位，而且在以造林为主要手段的环境整治和生态改善过程中，作为生态林、水土保持林、防风固沙林的关键组成部分，发挥着极其重要的作用，是值得大力推广的生态林树种。

二、文冠果生物学特性

（一）形态特征

文冠果，属于无患子科文冠果属，是一种落叶灌木或乔木。乔木形态时，其高度可达 2—8 米，胸径最大可达 90 厘米，是中国特有的温带树种。在干旱和贫瘠的环境中，通常生长为小乔木。由于野生文冠果常被用作薪材而被砍伐，主干受损后，由于其强大的萌芽能力，往往形成丛生灌木。

文冠果的树皮粗糙，呈扭曲状纵裂，颜色为灰褐色。树枝细小而强健，树皮呈褐红色，表面光滑。新梢呈绿色或褐紫色，顶芽和侧芽排列成瓦片状的芽鳞片。叶子为披针形或近似卵圆形，边缘呈锯齿状。芽为卵圆形，紫褐色，外被多片芽鳞，鳞片有脊和白色缘毛；叶芽较为瘦弱，顶端尖锐；而混合芽则较为饱满，顶端较钝。总状花序从混合芽中央抽出，树冠外缘的大部分新梢顶芽为混合芽，形成结果枝，而树膛内部则主要为较弱的生长枝。

总状花序由 20—50 朵花组成，为两性花，花梗短，花瓣白色，基部为紫红色或黄色，花序先于叶片抽出或与叶片同时抽出。顶生和侧生花序的可孕花比例不同，顶生花序生长在顶端，可孕花占 60%—90%，而雄花花序则生于腋下，侧生花序着生 20—40 朵花。蒴果果实为椭圆形至圆形，有 3—4 瓣裂开，长度可达 6 厘米，种子为黑色至黑褐色，形状为圆形至卵圆形，具有光泽，含油量较高。花期在春季，果期则在初秋。

图 1-1 文冠果形态特征

（二）生长发育特性

1. 根系生长特性

文冠果的根系生长与土壤温度紧密相关。初春时节，随着土壤的解冻，幼根开始萌发。当温度达到约 20 ℃时，根系生长最为旺盛；而当温度降至 15 ℃时，生长速度减缓；在 10 ℃以下，生长变得微弱；一旦温度低于 5 ℃，根系则进入休眠状态。到了早秋，尽管根系长度的生长已经停止，但还会经历一个加粗生长和营养贮存的过程。文冠果的皮层厚实，根系发达，能够储存大量水分，并且侧根分布广泛扎根牢固，这正是其能够抵御干旱、适应贫瘠土壤的主要原因。

2. 枝梢生长特性

文冠果的枝梢根据萌芽时间的不同，可以分为春梢、夏梢和秋梢三类。春梢在 6 月下旬停止生长后形成顶芽；夏梢则在 6 月下旬至 7 月上旬停止生长后继续抽发；而秋梢则是在 7 月下旬之后继续生长。春梢大多数能够形成混合芽，夏梢有超过 50% 的几率形成混合芽并开花结果，而秋梢则不易木质化，难以形成混合芽，不仅不利于越冬，还会影响第二年的结果。

3. 花芽分化

文冠果的花芽分化主要过程包括：春梢停止生长至 7 月上旬结束期间，随着营养的积累，花原基开始形成；7 月中旬至 8 月中旬，形成芽序上每朵花的原始体；8 月下旬至树体休眠期间，是花原体分化阶段，形成花各部分的原始组织，包括雄蕊的原始基；最后是花性别分化阶段，开花前一个月，树液流动后，花性别开始分化，直至萌芽前完成。

4. 结果特性

文冠果是一种较早结果的树种，苗圃地中的一年生留床苗，有的在第二年就能结果。在文冠果的果实生长发育过程中，会经历两次落果高峰，第一次发生在末花期之后的 7—15 天内，第二次则发生在果实成熟采收前的半个月。落果的原因经过学者研究发现，主要归因于授粉授精不良和树体营养限制两个方面。

三、文冠果生态学特性

（一）地理分布

文冠果广泛分布于我国北方地区，包括河西走廊、黄河流域以及华北和东北地区。它是中国北方乡土树种的代表，在内蒙古、山西、陕西、河北、河南和甘肃省尤为常见。内蒙古更是拥有全国最大的文冠果人工林网。此外，辽宁、吉林、宁夏、北京、山东、青海、西藏和新疆等地也有其分布。文冠果主要生长在海拔 2000 米以下的荒山坡、沟谷和丘陵地带，尤其在 400—1800 米的黄土丘陵沟壑区最为普遍。

（二）生长环境

文冠果适宜生长在石质山地、黄土丘陵和石灰性冲积平原等地区。它特别偏好由砂岩、石灰岩、页岩和片麻岩风化形成的土壤，这些土壤富含有机质，且氮、磷、钾含量充足，pH值在7—8之间最适宜文冠果的生长。值得注意的是，文冠果不耐水涝，无法在低洼积水的地方正常生长。它通常与铁杆蒿、碱草、酸枣、兴安胡枝子、益母草、甘草等多年生草本植物和小灌木共生。

第二节 主要类型和品种

一、主要类型

文冠果的分类方法多样，依据包括花瓣的单重性、花色、果实的形状等特征。按照植株的形态特征，文冠果主要分为两大类型：有毛型和无毛型。

有毛型文冠果的嫩梢和叶片背面覆盖着短绒毛，枝梢和叶背面呈灰褐色，其产量较低且不稳定。

无毛型文冠果的枝梢和叶片表面光滑无毛，枝梢呈褐色，小叶较大且平展或卷曲，产量较高且稳定，表现出较好的丰产性能。无毛型文冠果进一步依据花初开时花瓣的颜色，可以细分为黄花亚型、白花亚型和重瓣花亚型。黄花亚型的花瓣较大，初开时基色为黄色，随后逐渐变为粉紫色，小叶较大且扭曲；树体紧凑，枝梢紧密；果实形状单一，以心脏形和倒卵形为主，成熟期较晚，大约晚熟 10 天，产量相对较低。白花亚型的花瓣较小，初开时为白色，花瓣内侧斑晕会变色，基部逐渐变为浅紫色；叶片平展或扭曲角度较小；果实形状多样，成熟期较早，产量较高。重瓣花亚型的花器官均变为绒状小花瓣，小叶平展，树体生长旺盛，树形美观；由于缺乏雌雄花器官，该类型不结实，主要用作行道树和园林绿化。

二、主要品种

选择优质的文冠果品种是确保稳定高产的关键因素之一。鉴于文冠果是一种异花授粉植物，且长期处于野生状态，其类型极为繁杂。不同单株在树体结构、开花结实习性、坐果率以及抗性等方面表现出显著差异，导致产量差异巨大。在开花特性方面，由于单株之间的差异，除了花期不同之外，开花数量和雌雄花的比例也各不相同。通常情况下，雄花数量多于雌花；然而，也存在雌花数量多于雄花的植株；甚至有少数植株的花为重瓣，但不具备结籽能力。因此，在文冠果的良种选育过程中，必须经过实际观察，挑选那些雌花比例高、生长旺盛、抗性强的优良品种进行培育和繁殖。这样可以有效提升花朵和果实的保留率，进而促进产量的稳定和提高。

文冠果的品质主要分为三大类：观赏型、丰产型和干果型。以下将列举这三类文冠果中的一些常见优良品种。

（一）观赏型文冠果

1. 金冠霞坡（国家级林木良种 R-SV-XS-001-2018；新品种 20170055）

特性：树皮呈褐栗色，扭曲且微纵裂，枝条为褐黄色，新梢则呈现绿色并带有紫红色。奇数羽状复叶，小叶数量介于 9—16 枚之间，长度为 2.5—6 厘米，宽度为 1.2—2.2 厘米，顶生小叶通常有 3 个深裂。幼叶呈阔披针形，明显卷曲，颜色为深绿色。总状花序长约为 20 厘米，花序大且花量丰富，花蕾为黄色，花瓣颜色随花期变化：初花期为黄色，盛花期变为粉红色，末花期则转为紫红色。果实呈长桃形，种子为红褐色。在北京地区，叶芽在 4 月上旬开始萌动，4 月中旬展叶并开花，花期可维持 20 余天，8 月中旬开始结果。

2. 蒙冠 3 号（新品种 20190085）

特性：树形开阔，姿态优雅。花期比同地区其他文冠果早 3—5 天，花为单瓣，共 5 瓣，花蕊呈金黄色。初花期花瓣上部为白色、基部为黄色，盛花期花瓣上部为白色并带有红色条纹，基部为浅红色。末花期花瓣上部为白色，带有红紫色条纹，基部为紫红色。花瓣呈倒卵形。叶片较小，微卷曲，颜色为黄绿色，新生叶柄为绿色，后期转为紫红色。平均每序结果数较少，果实中等大小，呈柱形，单果鲜重约为 138 克。种子平均单粒重大，直径约为 15.3 毫米，每果含种子 17 粒。该品种兼具观赏价值和高产特性。

3. 独秀 1 号（新品种 20170054）

特性：为重瓣观赏型，生长势旺盛，枝条健壮，斜向上生长，嫩枝为绿色并带有紫红色，表面光滑无毛。小叶呈披针形。花为重瓣，花瓣数量介于 15 至 30 瓣之间，无雌蕊、雄蕊，不结果实、无种子。

（二）丰产型文冠果

1. 金王 1 号（新品种 20180308）

特性：成熟叶片具有蜡质，花序轴较短，侧花序包含两性花全；果实呈桃形，果皮为绿色，果实较长，大且尖端尖锐，种子体积较大，单粒种子平均重量为 1. 66 克。嫁接后的第五年，平均单果种子重量达到 37. 06 克，平均单株种子产量为 512. 54 克。最大单株果实产量可达 2158. 58 克。

2. 金公主 1 号（新品种 20190087）

特性：主要为顶生花序，侧生花序较为罕见。果实呈棱柱形，种子单粒重量为 1. 31 克。嫁接后的第五年，平均单果种子重量为 27. 12 克，平均单株种子产量为 493. 86 克，最大单株果实产量可达 2824. 80 克，产量超过非嫁接普通文冠果的两倍以上。

3. 金帝 1 号（新品种 20180038）

特性：新生枝条微具绒毛、绿色并带有紫红色，属于中等粗细的枝型，果实为圆球形，两性花的比例超过 50%。种子平均单粒质量较大，最大可达 2. 1 克，结果量多且产量高。单粒种子重量为 1. 81 克，单果种子重量为 13. 06 克，单株种子产量为 268. 39 克，单株果实产量为 638. 85 克，最大单株果实产量可达 1581 克。

（三）干果型文冠果

开口笑（新品种 20180065）

特性：高达 5 米，小枝粗壮，褐色，无毛，顶芽和侧芽有覆瓦状排列的芽鳞。叶连柄长 15—18 厘米，小叶 19 片，膜质或纸质，披针形，两侧稍不对称，长 2. 5—6 厘米，宽 1. 2—2 厘米，顶端渐尖，基部楔形，边缘有锐利锯齿。花序先叶抽出，两性花的花序顶生，雄花序腋生，长 12—20 厘米，直立，总花梗短，基部常有残存芽鳞，花瓣白色，基部紫红色。蒴果长 7 厘米，种子长 1. 5 厘米，黑色而有光泽。花期 4 月，果期 7 月。果实带尖，种子开裂，露出白色种仁。

第三节　苗木培育技术

一、播种育苗

（一）种子采集与处理

种子的采集应来自栽培区内粒大饱满、色泽正常、无病虫害的植株，特别是那些来自经过认定的种子园的种子。文冠果种子具有坚硬致密的种皮和较差的透水性，种仁内含有抑制萌发的脱落酸，因此播种前必须对种子进行适当处理，以避免出苗不齐或不发芽的情况。催芽是通过特定方法打破种子休眠状态，促进其萌发的过程。

层积催芽通常在播种前一年的冬季进行。沙藏处理坑应选择在背风背阴、排水良好的地方，根据所需沙藏种子的数量确定坑的大小，种沙比例应为 1 ： 3。坑底应铺设 10 厘米厚的湿沙，将种子堆积在坑中，然后用 10—20 厘米厚的湿沙土覆盖。在种子堆积过程中，每隔 1 米应顺沟放入一个去掉叶片的秸秆把，以利于散热。沙藏期为 90—120 天，待第二年春季种子开始萌动时进行播种。

春天播种前的 10—15 天，取出混沙的种子，将它们堆积在一起，每天翻动一次并盖上塑料布。当大约 20% 的种子开始露白时，即可进行播种。

水浸催芽常用于播种前一年冬季未能及时进行沙藏处理，但又需在当年春季播种的情况。具体操作方法是在播种前 10—15 天，使用 40 ℃—50 ℃的温水浸泡种子 2—3 天，每天更换一次水。之后，将种子与湿沙混合，进行室内或室外的高温催芽，保持温度在 20 ℃—25 ℃之间，并用湿草帘或塑料布覆盖以保持湿度。在此期间，每天翻动种子两次，确保每粒种子均匀接受光照。当 1/3 的种子露白时，即可进行播种，或者分批选出露白的种子进行分期播种。在催芽过程中，要密切观察湿沙的水分情况，适时向沙子喷水以保持其湿润。

混雪催芽是在土壤结冻前进行的，选择地势高、排水良好的背阴处挖沟，深度需在土壤结冻层以下，一般深宽各为 50—70 厘米。待降雪不化时，收集雪并以 3 ∶ 1 的比例与种子混合。在沟底先铺设塑料布或席子，然后铺上 10 厘米厚的雪，接着将雪种混合物放入沟中，再覆盖 20 厘米厚的雪，并使其呈小丘状或屋脊形。为了防止雪融化，可在雪上覆盖数十厘米厚的草。到第二年春季播种前 1—2 周，将种子取出置于温暖处，让种子在雪水中浸泡 1—2 天，然后进行高温催芽。

图 1-2 层积催芽

（二）整地和施肥

苗圃地应在播种前一年的秋季进行整地，使用机械深翻至大约 30 厘米，并在土壤结冻前灌足封冻水。经过冬季后，到了第二年的春季，浅翻 20—30 厘米并施入基肥（基肥主要采用生物有机肥或有机无机复混肥，也可施用腐熟的有机肥或厩肥，每亩 1000—1500 千克；或者使用复合肥，每亩 50—70 千克），施肥量应根据土壤肥力状况来决定。施入基肥后，进行深耕整地，耙平土壤，早春时将地块浇透，待土壤湿度适宜时再进行播种。

整地和施基肥之后，可以开始作床。在干旱地区，若排水条件良好，可以选择低床育苗，床面应低于步道 15—20 厘米，床面宽度可设为 1—1.5 米，人工操作以 1 米宽较为适宜，床与步道的总宽度为 40 厘米。低床育苗的保墒条件优于高床，灌溉也更为方便，但在排水不畅、容易积水的地区，适宜采用高床育苗。高床一般高出步道 15—30 厘米，床面宽度在 90—100 厘米之间，步道宽度为 40—60 厘米，通常使用 50 厘米宽。苗床的长度应根据地形来定，长度越长，土地利用率越高。

（三）播种

文冠果的播种过程分为春季播种和秋季播种两种方式。通常情况下，一旦土壤解冻，即可开始春季播种工作。在华北地区，春季播种的理想时间是3月下旬至4月中旬；而在东北和西北地区，适宜的播种时间则为4月中旬至5月上旬。适时提前播种有助于延长苗木的生长季节，促进幼苗的生长发育和枝梢末端的木质化，但需注意防范晚霜带来的潜在危害。秋季播种的时间较为宽裕，便于劳动力的安排；由于种子的休眠期较长，可以在苗圃中完成催芽过程，确保春季时能够迅速发芽。一般而言，秋季播种的种子在第二年春季能够早且整齐地出土，苗木生长健壮，抗逆性强，成苗率较高。秋季播种应在土壤结冻前进行，通常在10月中下旬至11月上旬之间。

在播种前一周，应在育苗地充分灌溉底水。播种时，土壤湿度应保持在田间持水量的60%—80%之间。播种前，种子需进行消毒处理，建议使用0.5%的高锰酸钾溶液浸泡种子10分钟，之后用清水彻底冲洗干净。播种方法主要有条播和点播两种。播种量则根据种子的质量和千粒重来确定。

1. 条播

播种密度应根据育苗目标来决定，行间距可设置在30厘米—40厘米之间。在畦内挖掘深度为3—4厘米的沟槽，并根据既定方案进行条播。大约每隔5厘米播种一粒种子，播种完成后应立即覆土，土层厚度保持在2—3厘米。待土壤稍干后，及时进行镇压以促进种子发芽。

2. 点播

在整地之后，先覆膜再进行点播，通过扎孔播种，这种方法有助于保持土壤湿度，防止杂草的过度生长，同时节省种子用量并确保苗木的品质，避免苗木的二次生长。覆膜点播特别适合半干旱和缺水地区，它不仅能够保持土壤湿度，抑制杂草，还能节约种子，确保苗木的优质。具体操作是挑选已经催芽的种子，边出芽边播种，确保种子的种脐侧向横卧于沟内，这样有利于幼根向下生长和幼芽向上发展。播种后立即覆土，土层厚度同样为2—3厘米，土壤稍干后及时压实，以待种子发芽。

图 1-3 播种育苗

（四）苗后管理

在文冠果种子发芽并长出幼苗后，应迅速进行土壤疏松和保湿工作，同时清除杂草。当幼苗生长至超过 30 厘米的高度时，进行一次浅犁耕作，以提升土壤的通气性。在幼苗的早期生长阶段，需特别注意防治地下害虫，如蛴螬和象甲等；而到了生长后期，则应重点防治文冠果木虱。

二、扦插育苗

由于文冠果具有很强的根萌芽能力，因此适合采用扦插方式进行育苗。扦插时间可选择春季、夏季或秋季，而插穗材料通常包括根部、硬枝和嫩枝三种类型。

（一）根段扦插

文冠果根的强效繁殖能力为提升树木品质和加速繁殖过程提供了条件。在进行文冠果根插繁殖时，可以利用苗木起苗坑内残留的根系，或者选择挖掘周围大树的一年生根作为扦插材料。通常，在根插繁殖前，需要对根材进行制穗处理，根段长度一般设定在 10—15 厘米。为避免倒插，根段的上端应剪成平口，下端剪成斜口。在扦插过程中，应保持根材湿润，随剪随插，并避免日晒。插根地的深度应为 20—25 厘米，确保土壤疏松和细致整地，之后施足基肥，并准备适合栽培的床或垄。扦插前一天，使用1000倍的多菌灵溶液喷洒床面，并翻动沙子；或者在温室内使用消毒过的蛭石、珍珠岩和沙土混合物作为根插的基质。扦插的最佳时间是5月中旬至9月中旬。若计划在4月中旬进行根插繁殖，建议选择根段粗度在0.5到1.5厘米之间的根材，因为这个范围的根段粗度有利于提高存活率和促进生长。扦插前，可以使用250—300毫克/升的萘乙酸或200—300毫克/升的ABT生根粉处理扦插物的基部，浸泡30秒，以促进生根。扦插前要确保底水充足，最好采用开沟或挖穴埋插的方式。在扦插时，应注意根的放置方向，形态学上端朝上，下端朝下。通常情况下，根段较粗的部分应位于上方，较细部分位于下方，若根倒置，则无法萌发成幼苗。若无法辨认根的上下端，可直接平埋于土中，确保插穗顶端低于地表约2厘米。行距应为15—20厘米，株距为10—15厘米，插后需踩实。根插后用地膜覆盖圃地，可以显著提高成活率，但幼苗出土后要及时在出芽处穿孔，使芽苗伸出，以防止日灼伤害幼苗。

此外，在生产实践中，通常还有两种方式用于繁殖文冠果根蘖苗。①利用文冠果原苗床培育根蘖苗。文冠果根系发达，根萌力强，在原苗床上起苗后，深层残留有大量根系。为了降低苗床地表高度并增加表层温度，可以在原苗床上搂土，以覆盖残留根系的顶端。完成后平整苗床并适时灌水，等待幼苗出土。②母树根蘖苗的培育。为了扩大丰产和获得健壮的优良单株，可以通过人工抚育来培育母树根苗。一般在春季解冻后，对母树的树冠外围进行深翻，深度以能见到母树外围的须根为宜，6月上中旬可以看到从断根处长出的根苗。等到第二年的春季，将这些根苗移植到苗圃培育一年，确保根系良好发育，再起苗移植出圃。移植后要及时为母树施肥和灌水，以确保母树的正常生长。

（二）硬枝扦插

硬枝插条技术涉及使用充分木质化的枝条作为插穗。为了确保插穗的质量，应优先从优良品种的母株上采集，或者选择来自一至二年生苗木以及三至十年生的健康幼树。年轻的树龄有助于提高扦插生根的成功率。通常，选取母树中下部和外侧的枝条作为插穗，因为这些部位的枝条受到的光照较少，含有较少的抑制生根的次生代谢物质。采条的最佳时间是在秋季落叶后至春季树液开始流动前的休眠期。春季扦插时，插穗需要经过越冬贮藏，而室外沟藏是推荐的贮藏方法。选择地势较高、排水良好的背阴处挖沟，沟宽 1—1.5 米，长度视穗条数量而定，深度一般不超过 60—80 厘米。沟内温度应保持在 0 ℃—4 ℃。埋藏时，沟底先铺一层湿沙，将截制好的插穗每 50—100 根一组，分层立置于沟内。如果是贮藏校条，则每隔 10 厘米放置一层，分层平埋，并在每层穗条之间加入 10 厘米的湿沙隔开。当穗条放置到距离地面约 10 厘米时，在湿沙上方填充湿土，形成屋脊状的堆积。为防止穗条在沟内发热，需要在埋藏穗条时每隔一定距离开一个通气孔，使用秸秆把束或带有孔的竹筒等材料。若发现温度过高，应及时采取降温措施。

硬枝插条的长度应控制在 9—11 厘米，粗度在 0.6—0.8 厘米范围内，以促进生根。插穗上的切口通常是平口，而底部的切口则常呈斜口状，以增加与土壤接触的面积，促进水分吸收。切口应平滑，以防止劈裂，并保护插穗上端的芽体，从而提高插条的成活率。上切口宜距离芽约 1—2 厘米，下切口可距芽约 0.5 厘米。为了提高插条的成活率，在扦插前或扦插时，应对插穗进行促进生根的处理。常用的催根方法包括水浸法和植物生长调节剂催根法。扦插前，可以使用 1500 倍的多菌灵溶液或高锰酸钾对基质进行浇灌消毒，以防止插条在生根前腐烂。此外，还可以将插穗基部浸泡在 795—820 毫克 / 升的 IBA（吲哚丁酸）溶液中处理 4 小时，或者使用 125 毫克 / 升的 IBA 和 NAA（萘乙酸）按 1 ∶ 1 比例混合后处理插穗 6 小时，再进行扦插。

硬枝插条主要采用垄作和床作两种方式。垄作便于机械或畜力进行苗期管理，垄距为 70—80 厘米，每垄插 1—2 行，株距为 20 厘米。苗床育苗扦插的株行距一般为（20—30）厘米 ×（25—50）厘米。无论采用哪种育苗方式，都必须细致整地，耕地深度应达到 25—30 厘米。硬枝插条通常在春季进行，秋季也可进行。春季扦插应在腋芽开始生长之前，而秋季扦插需在土壤冻结前完成，采条即插，无需埋藏。冬季时，也可在塑料大棚或温室内进行插条育苗。在进行扦插时，应注意插穗的上下方向，确保正确插入，下切口贴合土壤，并避免擦伤下切口的皮层。插入深度一般以地上露出一个芽为宜。在干旱地区或沙地苗圃中，可将插穗完全插入土壤中，上端与地面平齐，并在插入后踩实土壤。为增加地温和保墒，先在苗圃中覆盖薄塑料膜，再使用穿孔法进行插条，并用覆土覆盖插穗的露出部分。或者先进行插条，再覆盖薄塑料膜，但需要在插穗萌发时及时在穗芽处开口，以防止嫩芽被灼伤。

（三）嫩枝扦插

嫩枝插条技术是在植物的生长季节，利用半木质化的枝条进行扦插繁殖。该方法对环境条件要求较高，并需要精心管理，因为嫩枝插条容易受到病菌侵害而腐烂。在温室或育苗棚中，应安装喷雾系统以维持适宜的湿度并降低温度。此外，为了防止温度过高，还需采取遮阴措施。目前，在国内，全光雾插育苗技术已广泛应用于实践。该技术涉及在露天条件下建造圆形育苗池，并安装电子叶自动喷雾装置，实现自动间歇喷雾，以保持叶片湿度并降低温度。其优势在于无需额外遮阴措施，同时能提高插穗的扦插成功率和移植成活率，每年可进行 2—3 次扦插，且苗木产量较高。

最佳的采穗时间是 6 月中下旬至 7 月中旬。在这个时期，文冠果的当年生枝条正处于快速生长期，分生组织活力旺盛，内源激素的季节性含量较高，而生根抑制物质相对较少。此时，嫩枝的顶芽尚未完全闭合或刚刚闭合，枝条仍处于半木质化状态，但已有足够的粗度和养分储备，使得采集的枝条更易于生根。应选择生长旺盛的幼年母树，采集当年生的半木质化枝条，以提高扦插的成功率。具体操作时，应采集树冠中下部的外侧健壮枝条，长度超过 12 厘米、粗度在 0.5 厘米以上，顶芽饱满，且至少有 3 个以上饱满的侧芽。如果条件允许，在预备采穗的母树上使用 30%—50% 的遮阳网遮盖半个月，然后从中下部采集生长健壮的外侧嫩枝作为插穗。在采集枝条时，最好选择在早晨进行，剪下的枝条应立即放入水桶中，并用遮阴材料覆盖，以防止失水和枯萎。采集后的穗条应立即放置在阴凉处，并用湿布包裹穗条的下部。若需长途运输，应将穗条竖立放入泡沫包装箱中，并在高温季节使用冷藏车运输。到达目的地后，应立即将穗条存放在 2 ℃—5 ℃的冷藏库中，并尽快使用，以确保穗条的存活和质量。

图 1-4 文冠果嫩枝扦插与管理

（四）插后管理

扦插后，若土壤未显干燥，不宜立即浇水，以免土温下降或土壤过于湿润，这可能会影响扦插苗的根系发展和萌芽，甚至导致腐烂。然而，一旦幼芽露出地面，应及时在地膜上穿孔，以防止幼芽受到强烈日晒而产生日灼伤。

对于硬枝扦插，建议在完成后立即浇水，以确保插穗与土壤紧密结合，并满足其对水分的需求，这有利于扦插苗的存活。在土壤干燥时，应适时灌溉，一般在扦插后的 3—5 天内浇水一次，总共 2—3 次。值得注意的是，灌水次数不宜过多，以免降低土温或影响土壤通气，不利于生根。若土壤水分过多，插穗下端可能会腐烂。因此，当苗木开始生根后，应适当延长灌水间隔，大约每 1—2 周浇水一次。但在雨季，要注意排水，避免圃地积水。

扦插苗成活后，应及时选择一枝新梢培养为主干，并去除基部多余的萌生枝。随着苗木生长，要定期抹除苗干下部的侧芽和嫩枝，以促进苗木茎干的正常生长。中耕、除草和病虫害防治可参照播种苗的相关措施执行。

嫩枝扦插后的一个月内，温室内可采用人工喷雾法管理，每天喷雾 6—8 次，每次按照 15—20 千克 / 平方米的喷水量进行，一个月后，每天喷雾次数可减少至3—4次，每次喷雾持续6—8分钟，以降低温度和增加空气湿度，但要避免插壤过于湿润。特别要注意，插壤中不能积水，否则会导致插穗腐烂，应将基质含水量控制在50%—60%之间。

秋冬季节的温度管理应采取控温、保温和增温的措施。初期应遮阴控温，进入12月后开始保温，越冬期间，可额外补喷1—2次水，湿润上部沙层，以维持适当的含水量直至第二年3月。还可增设拱棚、地膜、草帘等覆盖物，增加生根积温，直至放风炼苗。当幼苗长至约10厘米高时，需逐渐增加光照，直至进入全光炼苗阶段。采用自控定时间歇喷雾或电子叶喷雾装置来控制湿度保持在80%—95%之间，温度控制在20 ℃—30 ℃之间，其中最适宜的温度是25 ℃。低于20 ℃会延长生根时间，超过30 ℃则可能导致腐烂。如果温度过高，需采取降温措施，如喷水、遮阴或通风等。但要注意，插穗生根需要叶片进行光合作用，因此在降温时要避免遮挡过多阳光，以利于插穗叶片进行光合作用。全光喷雾法之所以能提高嫩枝插条的成活率，原因也在于此。

插穗生根后，可每15—20天喷施一次0.5%—0.8%的磷酸二氢钾溶液，每天喷施一次，连续喷施3次，以促进根系生长。若使用塑料棚进行育苗，需逐渐增加通风量和透光度，使扦插苗逐渐适应自然条件。当苗高达到20厘米时，应及时对多蘖苗进行定株，只保留一条生长最强的新梢，其余全部去除。当苗木停止生长后，应控制浇水和施肥次数，以防止过早生长新梢，影响苗木质量。

扦插苗成活后，需及时进行移植，可移植到苗圃地或容器中继续培育。露天沙床扦插的苗木，在扦插苗生根2—3个月后，即在当年的10月或11月进行移栽。如果是在温室的沙床或育苗盘上扦插的，可以在第二年的春季移栽，或者在容器影响根系生长时进行移栽。对于0.3—0.5亩的开插苗，可选择18厘米×20厘米的营养钵或无纺布育苗袋，若培育大苗，可选择更大规格的营养钵、育苗袋或控根容器。在移栽时，可选择以下两种基质配方：细黄心土：草炭：珍珠岩比例为2 ： 1 ： 1；或者细黄心土：草炭：腐熟有机肥比例为6 ： 3 ： 1。使用基质前，每吨基质中加入3%的工业硫酸亚铁25千克，搅拌后用塑料薄膜密封覆盖，一周后揭开薄膜使用。移栽时，先在容器内放入 1/3 的移栽基质，然后将扦插苗连同基质一起放入容器中，让根系舒展后，周围填满基质并充分压实，确保根和土壤紧密接触，避免过深栽植、窝根和露根的情况发生。每个容器内只栽植 1 株苗木，移植后立即透水。在移植初期，可以适当遮阴、喷水，保持一定的湿度，有助于提高成活率。

三、嫁接育苗

嫁接方法的差异对文冠果苗的成活率具有直接影响。目前，较为有效且技术成熟的嫁接技术包括“枝接”和“芽接”。

（一）砧木选择

通过播种育苗的方式培育砧木，其方法与常规播种育苗相同。然而，用于嫁接的砧木在播种时，应保持更大的株行距，推荐为（10—12）米 ×（20—25）米。在苗木快速生长期间，应进行摘心处理以抑制其高度增长。在苗木封顶和加粗生长阶段，应增加钾肥的施用，以促进苗木的加粗生长和木质化过程。对于文冠果嫁接，应选择一至二年生、地径至少 0.8 厘米、顶芽饱满且干形直立的树木作为砧木。在进行芽接或插皮接时，为了使砧木“离皮”，可以采取基部培土、加强施肥和灌溉等措施，以促进形成层的活动，这不仅便于操作，还有利于提高成活率。

（二）接穗采集与贮藏

选择采穗植株时，应根据繁殖目的挑选具有高产稳产、高含油率或其他优良观赏特性的植株。通常，应从母树树冠中上部外围，特别是向阳面采集组织充实、芽体饱满、粗细均匀且无病虫害的发育枝。避免选择内膛枝、下垂枝、病虫枝、衰弱枝及徒长枝。春季或秋季采集已木质化的一年生枝条，而夏季则采集半木质化的穗条。

接穗的采集时间取决于嫁接方法。春季主要进行枝接，枝接用的接穗可在落叶后采集，通常不迟于发芽前 2—3 周，也可结合冬季修剪进行，之后贮藏备用。夏季和秋季主要进行芽接和嫩枝接，最好在临近地点采集，随采随接。采集时应使用锋利的剪枝剪或高枝剪，确保剪口横截面与枝条长轴垂直，以最小化剪口。采下后应挂签、打捆并记录。

在贮藏和运输穗条的过程中，必须注意保持适宜的湿度和温度，以防止失水、发霉和萌芽，确保枝芽保持良好的生命力。短期贮存可置于阴凉的地窖内，穗条基部浸于水中或用湿沙土覆盖。休眠期越冬贮藏可采用室外沟藏，或存放在水果冷藏库中。若在冷库中贮藏，最好将穗条蜡封，贮放枝条仅需蜡封基部；若贮存已截制好的接穗枝段，则需全面蜡封。蜡封接穗有助于保持穗枝的质量，延长贮藏期，防止接后失水，提高嫁接成活率。

（三）常见嫁接方法

1. 枝接

枝接是一种利用带有至少一个芽的茎段作为接穗的嫁接技术。其优势在于高成活率和嫁接苗的快速生长，且不受树木是否离皮的季节限制。在砧木较粗且砧木和接穗均未离皮的情况下，枝接尤为常用。对于文冠果的劈接和插皮接，最佳时机是在春季的 3—4 月，即树液开始流动、芽开始萌动之前。

（1）劈接法

在插入接穗时，确保芽面一侧与砧木劈口的光滑一侧紧密贴合，使形成层对齐。缓慢插入，直至接穗稍微露出白色即可。若砧木和接穗的粗细不同，则以形成层对齐为准。将预先剪裁好的长 10 厘米、宽 3 厘米的塑料条从下至上紧密包裹并绑紧，确保无缝隙，以防止接口失水或进水，并减少砧木的侧枝生长。

（2）插皮接

插皮嫁接必须在砧木离皮时进行，适用于较粗的砧木，细砧木不宜采用此法。接穗长度以保留两个饱满芽为佳。在削接穗时，取 3—5 厘米长的接穗，将无芽的一面削一刀，背面削两刀形成三角形尖端，确保削面平直并超过髓心。将接穗插入砧木皮下，然后用塑料带绑紧，并套上塑料袋以确保成活。绑扎完成后，所有未包裹的砧木和接穗伤口都需涂抹专用的愈合剂或防水漆，以防止接穗失水和病菌感染。此方法可用于改造不结果的树木或建立采穗圃。

2. 芽接

芽接是用带皮层或少量木质部的芽片做接穗的嫁接方法。优点是省接穗，操作简单，工作效率高，成苗快，便于大量繁殖，目前生产上应用最广的嫁接方法。芽接的接穗采自当年新梢，通常要求砧木和接穗离皮，故应在新芽成熟之后，且芽体充实饱满时进行。要求随接随采，并立即剪去叶片保鲜保存。但若采用带木质部芽接，可用休眠期采集的一年生枝的芽。文冠果芽接分为木质部大片芽接和嵌芽嫁接两类。两种方法均可以分为早期与晚期两期进行，早期于 5 月上中旬进行，晚期于 7 月中旬到 8 月中旬进行，这段时间嫁接好成活，保存率高。

（1）木质部大片芽接

砧木的处理：在距地面约 15 厘米处，选平直、光滑的一面用芽接刀切一个“T”形切口，横切口长约 0.7 厘米，顺切口长约 3.5 厘米，再用芽接刀尾部的骨片将“T”形切口撬开，以便插入接穗的芽片。

削接穗：用芽接刀在穗条的接芽面上方约 1 厘米处横切一刀，深达木质部内，然后在接芽面的下方 2.5 厘米处向上切削，将片削成两端稍薄、中间稍厚，带木质部的平滑芽片，然后在接芽的下方距离接芽 0.4 厘米处的两侧用刀轻轻的各削两刀，中间留一条老皮，再在距接芽约 0.5 厘米上方两侧也同样各削两刀，使芽片露出形成层，以使和砧木的形成层紧密贴合。为了易于向砧木的“T”形切口插入，芽片的下端要削尖。

嫁接：砧木和接穗处理好后，立即将芽片插入砧木“T”形切口中，芽片上端要与砧木“T”形切口的横切口对紧，然后用塑料条绑紧扎严，只让穗片的接芽露在外面。

（2）嵌芽嫁接

又叫贴片芽接，操作时应将选用的砧木在距离地表 25 厘米处截断。（保留部分待接芽抽枝时作为支柱）。削取芽片时，在接芽下方 1.5 厘米处横切一刀，深入木质部，在接芽上方 1 厘米处入刀，削取芽片稍带木质部的盾形芽片。嫁接时于砧木距地表 2—4 厘米处选平滑面，用刀切一个与芽片大小、宽窄相近的盾形切口，切口基部与砧木相连接处留 0.8 厘米长切削的皮层，其余的部分切除。将削取的盾形芽片插入砧木切口，镶贴到砧木切口上，将砧木切口外侧保留部分覆盖在芽以下的部分，再用塑料条自下而上绑扎严，接芽露在外面。

图 1-5 扦插育苗

（四）嫁接苗管理

1. 检查嫁接成活与后续处理

通常在芽接后的 7—15 天、枝接后的 15—20 天，应检查嫁接部位的成活情况。芽接部位若接芽新鲜且叶柄一触即落，则表明已成活；枝接部位若接穗上的芽饱满且有萌动迹象，接口处形成愈伤组织，则说明嫁接成功。若接穗干枯或变黑腐烂，则表示未成活。

成活的嫁接部位应及时解除捆绑物。芽接通常在 20 天左右可以解除绑缚，但秋季芽接的应延迟解绑，以利于接芽越冬并防止干萎。枝接的最好在新梢长至 20 厘米以上时解除捆绑。若解绑过早，接口可能因失水而影响成活。对于使用塑料袋保湿的，应及时开口通风并逐渐撤除。对于埋土保护的，检查后应重新覆盖松土，以防止突然暴晒或干燥导致死亡。待接穗萌发生长至露出土面时，结合中耕除草，将覆土平掉。芽接未成活的应在接穗上方或下方进行补接，而枝接未成活的可在砧木萌生新枝后，于夏秋季节采用芽接法进行补接。

2. 剪砧操作

春季芽接后应立即进行剪砧；夏末和秋季芽接的，为防止接芽当年萌发而难以越冬，应在次年春季发芽前剪去接芽上方的砧木部分。剪砧时，剪刀的刀刃应朝向接芽一侧，在芽片上方 0.3—0.5 厘米处剪下。剪口应稍微向芽背面倾斜，以促进剪口愈合和接芽的生长，但剪口不宜过低，以免损伤接芽。

3. 除去萌芽

剪砧后，砧木基部常会出现许多萌芽，这些萌芽与接穗同时生长，对接穗的生长极为不利。嫁接后应每 3—5 天检查一次，及时抹除砧木树干和根际处长出的萌枝和新芽，以避免消耗水分和养分。

4. 支架设立

接穗在生长初期较为脆弱，易受风害。一般在新梢长至 5—8 厘米时，应紧贴砧木设立支架，直至接穗生长牢固。也可以分两次剪砧，即在第一次剪砧时，在接口以上保留一定长度的茎干作为活支柱，以支撑新梢。待风害季节过后再进行第二次剪砧，从新梢上方剪断。绑缚支架后，待接穗新生枝达到 40 厘米以上且确认已木质化时，用锋利刀片将绑缚的塑料膜纵向划开。在大面积嫁接时，可在接口部位培土以防止风折。

四、苗木出圃

（一）出圃苗木标准

文冠果苗木的出圃标准主要依据苗高和地径进行分级。目前，市场上普遍采用的是一年生文冠果苗木，其中一级苗木的标准是苗高至少 70 厘米，地径不少于 0.7 厘米；而二级苗木的规格则为苗高介于 50—70 厘米之间，地径在 0.5—0.7 厘米之间。此外，苗木必须具备饱满的顶芽，粗壮且直立的苗干，无病虫害，根系需保持完整且新鲜，主根长度不得少于 25 厘米，根幅也应达到至少 25 厘米。

图 1-6 文冠果优质苗木

（二）苗木起苗

在土壤含水量达到饱和含水量的 60% 时进行起苗，土壤耕作阻力相对较小，这样的土壤条件对于起苗来说是最为适宜的。起苗前应确保充分浇水，避免在大风或强烈阳光下进行作业，因为大风可能会折断苗木，而阳光暴晒则会加速幼苗水分的散失。建议选择在阴天或早晨进行起苗作业。在起苗时，要注意挖掘深度至少为 30 厘米，并且与主干的距离保持在 25 厘米以上，以确保获得既完整又不过分长的根系。鉴于文冠果的根系一旦受损便无法愈合，因此在起苗过程中应特别注意避免损伤根系，力求保持根系的完整性，无任何伤痕。

（三）苗木运输

在运输前，必须对苗木进行精心包装。包装过程中，应采取适当的苗木处理措施，以创造一个有利于其运输的保水环境。常见的处理方法包括浸涂泥浆、湿润、使用水凝胶浸根以及应用 HRC 苗木根系保护剂。为防止根系失水干枯，最佳做法是边起苗、边运输、边栽植。对于裸根苗木，每 50 株应捆绑成一束，并使用纸箱、纸袋、塑料袋、化纤编织袋或麻袋等材料进行包装。每束苗木都应挂上标签，标签上需标明种源、苗龄、苗木等级、数量、起苗日期、植物检疫证书、产苗单位以及地点等信息。在运输过程中，应用帆布覆盖苗木，以防止重压、日晒和风干。应尽量缩短运输时间，并可采取降温、洒水等措施，以保持苗木的湿润状态。对于长途运输的苗木，可进行截干处理，主干保留约 50 厘米，并按照规定程序进行包装。在运输过程中，应特别注意防止根系失水过多，并及时补充失去的水分。

（四）假植

文冠果苗木一旦出圃，不宜长时间存放。若未能立即栽植，应采取假植措施，但需注意，文冠果苗木不宜假植多日。建议采用临时假植法：挖掘深度为 20—30 厘米的假植沟，将苗木整捆假植，存放时间控制在 2—7 天内。苗木应按行单捆摆放，倾斜 45 ℃培土，并确保超过地径 3—5 厘米处踏实土壤，避免通风和露出根部，随后及时浇水。若存放时间超过 7 天，应稍微松开捆绳，将苗木摊开成薄层进行假植。

第四节　文冠果建园技术

一、选址

（一）地形地势

海拔介于52—2260米之间的内蒙古、辽宁、吉林、黑龙江、山西、陕西、河北、宁夏、河南、山东、江苏北部、安徽北部、甘肃、青海、新疆及西藏等地区均适宜栽培文冠果。建园时应挑选阳光充足、土壤深厚、坡度平缓、土地集中连片、不易积水、交通便利的阳坡或半阳坡。在平地种植文冠果最为理想，若在山区，则应选择阳坡、半阳坡及坡度不超过15 ℃的缓坡地。由于坡地保水能力较差，肥水管理和采收运输较为困难，因此不建议在坡度超过15 ℃的地区种植文冠果。土壤层厚度应不低于50厘米。在山地建园时，通常需要修筑水平带状梯田，并挖鱼鳞坑进行种植。文冠果喜光但不耐涝，因此不宜在背阴潮湿的地方种植。对于风大的地区，可考虑设置防风林以保护园地。不宜在病虫害较多的菜茬地、盐碱地或山梁顶端种植文冠果苗。

（二）土壤条件

文冠果对土壤的适应性较强，但以pH值在6.5—7.8的砂壤土、黑钙沙地、轻粘壤土地块为建园首选。文冠果能在轻盐碱地正常生长，但若含盐量过高，会导致成活率低、产量减少、生长缓慢、挂果时间推迟及落果严重等问题。在有少量砾石的地方也可以种植文冠果，但如果砾石较多且不便清理，则可通过客土改良定植穴及其周围土壤后再进行种植。

（三）气候条件

我国年平均气温在3 ℃—18 ℃之间，年降雨量超过100毫米的地区均可种植文冠果。作为耐旱树种，文冠果在适时适量灌溉下有利于开花结实，因此应选择在取水灌溉方便或地下水丰富的地区建园。然而，文冠果怕涝，因此地下水位高的滩涂地不适合建园。

二、栽植密度

文冠果的栽植密度取决于建园目的、土壤水分条件、土壤肥力与土层厚度、造林地地势条件、整地方式以及栽培品种等因素。若以果用林为目的，株行距建议为 2 米 ×3 米，每亩约种植 110 株；绿化林则宜密植，株行距为 1.5 米 ×1.5 米。若追求早期丰产，可先密植，待树冠扩展后间苗定植至合理株行距，园地郁闭时可隔行间伐。在降雨较多或有灌溉条件、其他条件较好的造林地，树木生长较快，应适当疏植；反之，在自然条件较差的地区，则应适当密植。在年降雨量小、年蒸发量大、土壤贫瘠且无灌溉条件的地区，必须考虑降低栽植密度以确保树木的营养面积和水分供应，从而有利于树木的生长发育。在条件较好的造林地，树木生长快，应适当疏植，定植株行距可为（2—4）米 ×（4—5）米。在土壤肥力差、灌溉条件落后、生长缓慢的园区，建园密度应密一些（2—3）米 ×（3—4）米。在土壤条件较差的山区梯田或丘陵地，株行距宜为（1—1.5）米 ×1.5 米；土壤肥沃且有灌溉条件的平地，株行距为（2—3）米 ×（2—4）米。对于平地或坡度小于 15 ℃的缓坡地，为便于机械化作业，可采取带状造林，带间距为 5—6 米，每带 2—3 行，株行距为 2—3 米，栽植密度每亩不少于 74—111 株。在文冠果植株不遮荫的情况下，也可间作矮秆作物，如豆科类作物，以增加造林地的经济效益。对于不便于机械作业的斜坡地、坡度较大的山坡地，可采用人工整地造林方式单行栽植，造林规格可选择 2 米 ×3 米、2 米 ×4 米、3 米 ×3 米、3 米 ×4 米，栽植密度不能低于 56 株。每隔 2 行树可留出 4.5 米宽的行间作业道，便于车辆通行，便于运输、采摘、打药等作业。生长势旺盛、枝条开张的品种栽植密度应大，宜为 3 米 ×4 米或 4 米 ×5 米；树冠直立紧凑的品种则栽培株行距小些，为 2 米 ×3 米或 3 米 ×4 米。

三、配置方式

在选择栽植方式时，应综合考虑地形、土壤类型、气候条件以及管理需求。常见的栽植模式包括长方形、正方形、三角形以及沿等高线配置等。长方形和正方形栽植模式因其便于机械操作而被广泛采用。在平坦地区，南北向的栽植配置有助于树木均匀接受光照；而在山区，沿等高线的栽植则更为适宜。在实际生产中，长方形栽植模式因其较高的单位面积栽植株数、良好的行间通风和透光性，以及便于管理和机械作业的优势而被广泛应用。沿等高线的栽植通常用于坡地或梯田的果园建设。

在种植园的栽植配置中，授粉树的配置至关重要。通过合理配置授粉树，可以显著提升树体的开花结实率、种实产量和品质。在实际生产中，确保授粉树的雄花花期与结果母树的雌花花期相匹配是保证坐果和产量的关键。通常，雌雄株的配置比例推荐为 8（雌）：1（雄），采用中心点式配置方法。

四、整地技术

（一）整地时间

文冠果的整地作业通常安排在造林前一年的夏季或早秋进行，但也可以在春季 4 月上旬至中旬苗木萌芽定植前，或秋季 10 月中下旬苗木进入休眠期后进行。这一过程不仅有助于将杂草翻入土层，从而提升土壤肥力和促进水分的保持，还能有效蓄积雨水和雪水，从而改善土壤的水分状况。对于沙地造林，为了防止沙化，建议在栽植当年的春季进行整地和造林工作。

（二）整地方式

在栽植文冠果之前，必须进行林地清理工作。林地清理涉及清除翻垦土壤前林地上的灌木、杂草、杂木、竹类等植被，以及采伐迹地的枝桠梢头、伐根、站杆、倒木等剩余物。这一措施旨在优化林地的卫生条件，并为后续的土壤翻垦及栽培抚育作业提供便利。整地方式包括全面整地、带状整地、块状整地和鱼鳞坑整地四种，具体选择应依据建园目的、种植地的地形和地势等因素综合决定。

1. 全面整地

在平坦肥沃、土层深厚的平原地区以及坡度较缓的丘陵地带，通常会进行全面整地。整地深度至少为 25 厘米，推荐深度为 30 厘米。翻地的最佳时机是在夏季伏天或早秋，这样可以减少土壤水分的流失。深翻后，在苗木栽植前，需要进行土地平整和镇压。接着，使用开沟犁进行机械开沟作业，或者采用人工挖掘栽植穴。行距和带距应根据造林设计来确定。栽植穴的整地深度应不低于 50 厘米，直径约为 60 厘米。

2. 带状整地

带状整地涉及将造林地翻垦成长条状，并在整地带之间保留未翻垦的带状区域。这种方法适用于丘陵地和荒漠地，带宽至少 1 米，带距根据行距而定。在坡度较大的山地，应沿等高线建造梯田或开挖水平沟。在平原地区，带的方向通常为南北向，特别是在有风害的地区，带的方向应与主风向垂直。

3. 块状整地

块状整地适用于平坦的固定沙地、山地及丘陵地。按照设计好的株行距进行画线定点，整地深度至少为 50 厘米，形状可以是正方形或圆形，尺寸为 60 厘米。人工整地多采用正方形，但为了提高效率，有时也会使用机械挖坑机。整地或挖坑后，应及时施用基肥，回填土壤以保持水分，以便在秋季或第二年春季进行定植。施肥的数量和种类应根据土壤条件来确定，以有机肥为主，化肥为辅。

4. 鱼鳞坑整地

鱼鳞坑整地主要适用于坡度较大、土层较薄或地形破碎的丘陵地区。鱼鳞坑有助于集中蓄水，促进栽植的文冠果侧根发达，根系更加庞大，从而生长状况更佳。鱼鳞坑应沿等高线开挖，并根据株行距进行定点施工。平原地区的株行距建议为 2 米 ×3 米，栽植前应挖好直径 60 厘米、深 60 厘米的树坑。在山地、丘陵地，树坑应沿等高线方向开挖，株行距为 2 米 ×2 米。坑的内侧可挖出一条小沟，沟的两端与斜向的引水沟相连。应注意将表层腐殖质土回填，并利用反坡的表土，结合压青将杂草翻入土层，以改善土壤结构和增加肥力。每个坑可施用 15—20 千克腐熟有机肥、0.5 千克磷酸二铵、0.8 千克尿素和 0.2 千克钾肥作为底肥，底肥与熟土混合均匀后垫在坑底。

五、栽植技术

文冠果的栽植时机通常选择在春季或秋季，春季栽植更为理想。秋季栽植应在落叶后至土壤封冻前进行，以避免苗木根系未及生长便进入休眠期，导致吸水能力不足，从而降低成活率。

栽植文冠果的主要步骤包括施底肥、根系处理、栽植以及栽植后的浇水和覆膜，共四步。在施底肥后，需对受损根系进行修剪，保持根系长度约 20 厘米。栽植时，若种植穴的直径超过 50 厘米，深度超过 45 厘米，可采用“三埋、两踩、一提苗”的技术。对于裸根苗，可使用蘸泥浆、施用生根粉等方法来提升成活率。栽植时应确保苗木直立，并在培土时先低于坑面，不宜过深，踏实土壤，确保根系与土壤紧密接触，有助于毛细根吸收水分和养分。修整树盘至低于地面 15 厘米，直径 80 厘米，并浇透水。

苗木栽植后首次浇水称为定根水，其主要目的是使土壤沉实并紧密贴合根系。定根水应充分浇透。在干旱或条件较差的地块，栽植后覆盖地膜能显著提高苗木的成活率。覆膜方法可采用块状铺膜法或全铺膜法。块状铺膜法是在树盘周围开挖 10 厘米深的小沟，铺上地膜，将苗木从膜中央开口套入，然后将膜边压入小沟并覆土压实，树盘内少量覆土以固定地膜。全行铺膜法是在定植行两侧开挖约 10 厘米深的沟，沟宽比地膜窄 20 厘米，铺膜后在膜中央苗木位置划孔套入苗木，然后在地膜周边和划孔处覆土并踏实，确保膜与地面紧贴。每隔大约 2 米横压一条覆土带，以稳固地膜。

秋季栽植后，应及时进行定干以确保成活率。树体高度最好控制在 2.5 米以内，以避免采收果实困难和对枝条造成机械伤害。因此，定干高度以 50 至 60 厘米为宜。在定干剪口下 10—20 厘米范围内，选择分布均匀、角度适宜的 3—4 个枝条作为主枝，并及时去除主枝以下的枝条。栽植后的第二年冬季，在主枝上距主干 30—40 厘米处选留侧枝，其余枝条短截，留 5—10 厘米以培养结果枝组。造林后应重视加强管护，确保苗木成活率。若造林成活率低，应及时补植。补植可在雨季进行，采用带土坨移栽或栽植容器苗。结合抚育割草等措施，可以提高施工效率。

第五节　文冠果土肥水管理

一、土壤管理

在栽植后的1—3年内，每年需进行3次松土和除草工作。首次中耕应在4月下旬至6月上旬进行，此时杂草尚幼嫩，易于清除，同时这一操作有助于改善土壤结构，增强其保水和保墒能力，从而提升土壤肥力。应清除幼树周围1平方米范围内的杂草，并将这些除下的植物覆盖在种植穴上（此过程也称为压青），以保持土壤水分并进一步增加土壤肥力。到了7月中下旬，随着雨季的到来，水分充足，杂草生长迅速，幼树在与杂草的竞争中处于不利地位，影响正常生长，因此必须及时进行中耕，结合松土和压青措施，以防止杂草与苗木争夺有限的水分资源。压青后，草根和草秆在园地里直接腐烂，这不仅能够增加土壤中的有机质含量，改善土壤的理化性质，还能保持水分，防止夏季土壤温度过高而损害表层根系。第三次除草应在8月下旬至9月上旬进行。对于遭受冻拔害的地区，在栽植的第一年应主要以除草为主，减少松土的次数。在栽植3年后直至林木郁闭前，每年松土和除草的次数可减少至1—2次。在进行这些工作时，应遵循“一培土、二干净、三不伤”的原则，即在松土时逐渐加深，逐年扩大松土面积，并注意保护根系。

二、养分管理

树木的养分主要来源于其从土壤中吸收的水分和矿物质，这些养分通过叶片的光合作用转化为能量，进而支持树木的生长。为了确保树木能够早期结果并大量结果实，栽植后的精心管理和养护至关重要。施肥应当根据土壤的肥力、花果的生长需求、树木的年龄以及挂果情况来适时适量地进行。

在苗木定植前后以及春天，对于幼树，每亩地推荐沟施基肥20千克。对于农家肥，建议用量为1000—2000千克；尿素10千克；磷酸二铵10千克；过磷酸钙20千克。若采用穴施法，每穴的推荐用量为农家肥10—20千克，尿素100克，磷酸二铵100克，过磷酸钙200克。

追肥时，选择速效肥料最为适宜。施肥时间应根据文冠果的生长周期、生长发育特性以及实际生产条件来决定，可以采取春季施肥、花期施肥和落果期施肥等措施。春季施肥通常在 4 月前后进行，此时应以尿素和硫酸铵等速效氮肥为主。对五年生以下的小树，每株适宜施用 0.15 千克肥料；对于五年生以上的大树，则以每株 0.3—0.5 千克为宜。春季施肥应尽早进行，不宜延迟。

花期施肥应在 4 月末至 5 月上旬进行，此时正值文冠果大量开花，根系活动达到第一个高峰，速效肥料能迅速被吸收，补充开花所消耗的营养，从而减少因营养不足导致的幼果脱落。花期施肥以氮肥和磷肥为主，每株施用 0.1—0.15 千克化肥。

落果期施肥则在 5 月末至 6 月初进行，目的是在落果高峰期前追施磷肥和钾肥，并配合灌溉。这样做可以提高坐果率，因为磷是种子发育的关键元素，施用后能提升植株的氮含量，增强根系对氮素的吸收和利用，促进碳和氮的代谢，并平衡营养生长与生殖生长的关系。磷肥和钾肥的配比为 5 ∶ 1，每株施用 0.05—0.15 千克。

落叶施肥一般安排在 10 月中上旬，以便积雪时有利于肥料的分解。施肥方法包括结合深翻改土施用农家肥、绿肥等基肥，施肥后应灌水，并注意防涝排涝。有机基肥的亩施用量为 2000—3000 千克；如果使用含有微量元素的复合肥料，根据树龄大小，每株施用量为 0.5—1.5 千克。秋季施用基肥能够增加土壤的有机质含量，改善土壤结构和质地，提升土壤肥力，有效增强树势，从而提高产量。

三、水分管理

文冠果的水分管理应根据土壤墒情和文冠果既耐干旱又怕水涝的特点而定。一般情况下，应在树木开花前期、新梢生长期、花期、果实迅速生长期及果实采收后、土壤结冻前进行灌水，也可结合文冠果栽培实用技术肥进行灌水，浇水量以树盘内水满为宜，花期水和果实膨大水结合追肥进行，冻水可与落叶后深翻土壤施基肥进行，灌水后要及时锄地保墒，减少水分蒸发。

无灌溉条件的要充分利用蓄水保墒措施。雨季注意及时排水，以防止林地渍水导致林木根部腐烂。

第六节　文冠果整形修剪

一、速生丰产型文冠果

（一）幼树修剪

修剪文冠果幼树主要涉及确定树干高度和培养有利于结果的树形。文冠果并不适合培养成高大的乔木。作为灌木培养时，其树体高度也不应过高，以免影响果实的采摘。由于文冠果的枝条脆弱易断，采摘时不能使用钩拉或高杆敲打的方式，以免损伤新梢和顶芽。因此，树体（丛）的理想高度应限制在 2.5 米以内。

文冠果在栽植当年成活后，第二年春季即可进行定干，建议干高在 50—60 厘米。文冠果的剪口萌芽能力很强，剪口周围会萌发出多个芽点。在当年 6 月中旬进行夏季整形时，应选择四个不同方位保留 3—4 个粗壮的主枝，以及一个中央干，其余枝条则进行短截，保留 5—10 厘米的丰产桩，并去除根蘖。到了 7 月初，再次检查树形，及时剪除根叶和选留主枝下的萌蘖，确保养分集中供应给选定的枝条，促进其生长。保留的主枝应均匀分布，角度适宜，错落有致。冬季的整形修剪应作为辅助手段，避免过度剪切。保留的主枝应保持高度一致，放开促其生长。如果存在过强的枝条，则适当回缩，使其与其他主枝的高度基本相同。夏季剪切时短截的枝条是为了提前结果而特意保留的，应继续任其生长，以促进生长发育，争取早日开花。

（二）对放任生长树的修剪

要根据“因树修剪、随树作形”的原则灵活掌握运用。通过修剪，尽量使放任生长的树冠形成有利于结果的形态，如有牢固合理的骨架结构和空间利用，以促使幼树早期丰产。文冠果有前一年春梢顶芽结果的习性，所以通过修剪使文冠果形成顶芽饱满而又粗壮的春梢是幼树丰产的关键。修剪时应控制直立枝的生长，并以疏剪为主，疏去细弱枝、交叉重叠枝、对头枝、平行枝、下垂枝、机械损伤枝，使养分集中提高结实能力。

（三）结果树的修剪

文冠果树通常在三年生时开始结果，此时修剪工作需特别注意控制树冠横向扩展，避免树冠过于茂密，同时保留第二层主枝，以培养出理想的树形，并尽快提升产量。第二层主枝与第一层之间的距离应保持在大约 40 厘米，选择保留 2—3 个主枝。对于层间中央干上的分枝，建议回缩一半，培育成结果枝组，待树冠过于茂密时再进行疏除。第一层主枝应继续进行修剪，以促进分枝生长。对于过于密集的区域，应适当疏剪或回缩。

随后的修剪工作应遵循“根据树形进行修剪，以促进高产”的原则。四至五年生的树木每年能形成大量花芽，并在春季大量开花，但落花落果现象较为严重。此时，适度剪除部分花芽有助于集中养分，从而提高坐果率。对于开花量过大的树木，可以适当疏除一些花朵。当文冠果的果实达到拇指大小时，应及时进行疏果，以控制留果量在每 40—50 片复叶养护一个果实的水平。若留果过多，容易导致落果，并可能引起大小年现象。

对于那些长期管理不善、枝梢年生长量仅为 5—6 厘米、结实率低的树木，在加强水肥管理的同时，应采用回缩修剪的方法，以促进树木的更新和复壮，这将有助于提高产量。

二、绿化观赏型文冠果

（一）主干疏层形

在树木的修剪过程中，我们致力于构建一个立体的结构，合理安排层间和大枝间的空间，以适应适当的结果枝组。树木的定干高度设定为 70 厘米，而树高则维持在 3—4 米之间，通常分为两层。第一层由 3 个主枝构成，第二层则有 2 个主枝，主枝之间的间隔为 15—20 厘米，层与层之间的间距则为 50—70 厘米。在定干后，我们会选择 2—3 个主枝，如果当年无法选出 3 个主枝，则在第二年完成这一任务。对于那些未能成为主枝的枝条，我们会及时去除，以确保中心枝条的生长优势，并在留出适当的层间距后，依次在上方培养出第四和第五主枝，最后进行落头处理。这种结构的优点在于枝干高大，空间利用得当，实现了立体结果，从而提高了单株产量。然而，它的缺点是单位面积产量增长较慢，整形过程耗时较长，且在采摘、喷洒农药和修剪方面不够便捷。

（二）自然开心形

在第一年，树木的定干高度应设定在 50—70 厘米之间，并在主干上培育出三个主枝。这些主枝应错落有致地生长，上下间隔为 15—20 厘米，并以 120 度角分布。主枝的开张角度应保持在 45° —50° 。除了主枝外，选择 2—3 个其他枝条作为辅养枝，其余的枝条则应疏除。

到了第二年，在萌芽前对主枝进行短截，保留长度为 40—50 厘米。如果第一年未能确定第三个主枝，应继续培养，直至形成 3 个主枝。一旦 3 个主枝都培育成功，就剪除中心干，并在每个主枝上保留 2—3 个生长良好的新梢作为侧枝。

进入第三年，继续完善侧枝的培养工作，到了第四年，树木的基本形态就基本成形了。这种培养方法的优点在于它符合果树的自然生长习性，使得树冠内部光照充足，结果面积增大，树势强健，骨架稳固。然而，其缺点是初期主枝数量较少，导致早期产量偏低。

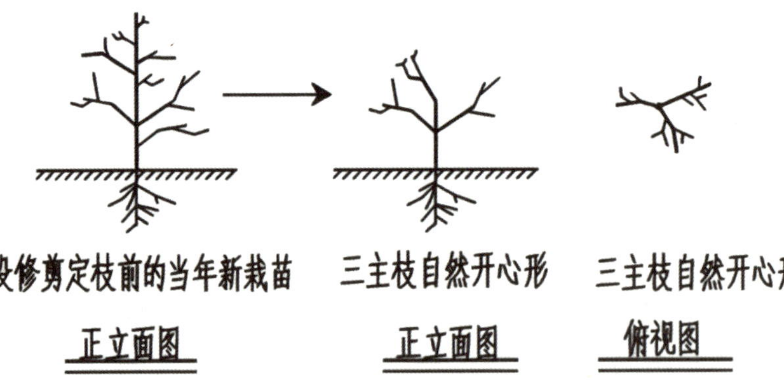

图 1-7 自然开心形修建方式示意图

（三）多主枝主干半圆形

幼树在当年栽植时，应定干于 50—70 厘米的高度，并在 3 年内逐步培养出 5—6 个永久性主枝。第一年，应专注于培养出两个主枝，挑选位置适宜、角度适当且生长健壮的新梢，使其成为第一和第二主枝。这两个主枝之间的垂直距离应保持在大约 15 厘米，错落有致地生长，同时确保中心枝保持生长优势，以便于后续主枝的培养。在培养主枝的过程中，可以保留一些临时的辅养枝，以维持树体的整体生长态势。到了第二年，继续在中心干上培养另外两个主枝，确保它们与下方的主枝合理错开，使得下方三个主枝之间形成大约 120° 的夹角，而第四主枝则应位于第一和第二主枝之间。进入第三年，再培养出第五或第六主枝，其中第五主枝应位于第二和第三主枝之间，第六主枝则位于第一主枝和第三主枝之间，以确保主枝间有良好的通风和透光条件。完成第六主枝的培养后，进行落头处理，标志着树体整形的结束，随后逐步去除多余的辅养枝。

（四）圆柱形

圆柱形整形与主干半圆形树形相似，然而在中心干上不培育主枝，而是直接让结果枝组生长。这种树形高度约为 2.5 米，冠幅介于 1.2—1.5 米之间，枝条较短，上下差异不大，便于操作和机械化管理，非常适合矮化密植栽培。通过高度密植，可以合理利用空间，实现立体结果。需要注意的是，为了确保连年结果，必须注意结果枝组的轮换更新。

（五）多主枝灌丛形

植株从地径处约 10 厘米处分生出 2—3 个主干，每个主干再有序地保留 3—4 个主枝，确保主枝间位置和间距得当，株间距保持在 2—3 米，形成带状结构。这种灌丛式的密植树形有助于提高产量。另外，也可以在定植坑内直接种植 3 株树苗，按照上述方法培养主枝，以加快整形过程。应尽量保留强壮的枝条，同时疏除内部的枝条、下部的细弱枝、交叉枝和重叠枝，以改善通风和光照条件。严格控制生长出的秋梢徒长枝，可以剪除秋梢部分，并在剪后进行抹芽处理，以节约营养并平衡树势。文冠果坐果率低的主要原因是树体上无用的细弱枝条过多，无效叶片和过多的雄花争夺养分，影响了光照，导致满树开花却很少结果，这就是俗称的“千花一果”。因此，从结果初期开始进行修剪是必要的，它有助于打好基础，合理布局，调整结构，改变生长状态，是文冠果修剪的关键手段。

第七节　文冠果低产园改造技术

一、平茬复壮

针对树木生长不良、林相参差不齐、行间断缺以及种子产量低下的问题，可以采取平茬复壮的方法。平茬的最佳时机是在冬季或初春，即树液开始流动或芽开始萌动之前。平茬的位置最好与地面齐平，使用的工具必须锋利以确保茬口平整光滑，避免劈裂，并且要及时涂抹防水漆或愈合剂以保护伤口。在当年的1—3月期间，于距离地面5—10厘米处将树干平锯，并对切面进行涂漆处理。到了5—6月，新枝条开始萌发，此时应选择粗壮且朝不同方向生长的新枝，保留大约10—15个，其余新生的枝条则应全部移除，以形成灌木状的林分。第二年3月，进行第二次修剪，剪除多余的枝条，并将新枝回缩至85厘米处。第三年3月，继续进行修剪，去除内部枝条、徒长枝、平行枝、下垂枝以及病虫害枝条。

图1-8 平茬复壮

二、截干复壮

针对多年未经管理的文冠果母树林，由于树势衰弱，多数树木呈现“小老头”形态，种子产量低下，但若保留有主干的乔木型低产林地，可采取截干措施以实现更新复壮。在当年的1—3月期间，选择主干明显、距地面50至60厘米处将树干平锯，并对切面进行涂漆处理。待到5—6月，新枝萌发，此时应挑选粗壮且朝不同方向生长的新枝，保留5—6个，其余新生的枝条则需全部剪除。第二年3月，对新枝进行回缩，促使新的枝条生长，形成圆形树冠。第三年3月，继续对内膛枝、徒长枝、平行枝、下垂枝、病虫枝进行修剪。干枯或病弱的枝条应使用手锯锯除，确保锯口平滑，并进行适当的伤口处理。锯口下方应有较粗壮的小分枝或一年生枝条，回缩至靠近骨干枝的饱满芽处，避免留下弯曲度大的分枝。若树冠内膛或中下部有新生枝条，应用枝剪将其剪截至饱满芽处，以培养新的树冠结构。

三、嫁接改造

对于树势良好、林相整齐的林分，可采用优良品系进行嫁接改良，以促进结实。选择适合当地生长的国家级良种、省级良种、新品种等作为接穗。春季高接前，需在萌芽前控制肥水。高接主要采用插皮接法，适宜时间在春季萌芽后。对于粗枝，采用插皮接；为了改变接穗分布方向，对于开张角度较大的细枝，可采用切腹接。枝接后的管理包括补接、除萌、绑架杆、解架杆等。根据树型塑造需求，选留合适的嫁接枝，剪除弱枝和冗余枝。嫁接后树冠高度应控制在2.2米以内，冠幅控制在2.0—2.5米。修剪采用交叉修剪，轮流坐果的方式进行，以确保结实的稳定性。

四、水肥调控

对于因后期抚育管理不足而产量低下的林地，可以通过深翻土壤，并结合灌水施肥压青来提升文冠果的生产力。具体的整地、施肥和灌水方法可参照前文的详细说明，但需特别注意，在进行环沟施肥时，环形沟的内径最低应位于树冠外围，因为具有吸收能力的根系主要分布在树冠外围，这样可以最大限度地发挥肥料的效果。

第八节　主要有害生物防控

一、病害防治

（一）茎腐病

1. 危害症状

文冠果茎腐病是由镰刀菌和轮枝孢菌等真菌引起的，这些病原体通常在苗木或树干基部的破损处侵入，导致感染和侵害。这种病害会导致树木干枯并最终死亡，严重干扰了树木的营养输送系统。一旦病菌侵入树干并蔓延一周，树冠部分将无法存活。

图 1–9 茎腐病危害状

2. 防治方法

①为了避免重茬问题，务必在育苗地块中仔细检查，一旦发现病害地块，应立即拔除病株，并使用杀菌剂对土壤进行彻底消毒，以防止病苗被引入园区进行定植。②在建园时，苗木的定植深度不宜过深，以减少对树干的潜在伤害。若发现树干有伤口，应立即使用创愈灵进行涂抹处理。③应加强田间

土壤的管理，定期疏松土壤，并增加有机肥料的施用，以避免雨后积水，从而提升树木的抗病能力。④在病害发生后，应采用药剂防治措施，使用溃腐灵原液进行涂抹，并配合使用福美双 500 倍液或恶霜灵 800 倍液对树干下方的土壤进行处理。

（二）立枯病

1. 危害症状

种腐、猝倒和根腐造成苗木死亡。

2. 防治方法

使用 75% 的百菌清可湿性粉剂稀释至 600 倍液，或者 5% 的井岗霉素水剂稀释至 1500 倍液，亦或是 20% 的甲基立枯磷乳油稀释至 1200 倍液进行喷洒。

（三）叶斑病

1. 症状描述

叶斑病是由半知菌亚门、腔孢纲、茎点霉属引起的感染。该病通过风雨传播，病情进展迅速，蔓延速度极快，可导致植物早期落叶，对植株造成严重损害。它影响了植物的营养积累，并对花芽的分化产生了重大影响，从而导致产量减少。

2. 防治措施

为了增强植株的抗病能力，应改善通风和透光条件。在雨季到来之前，应采取喷药措施进行预防保护，推荐使用 80% 代森锰锌稀释 500 倍液。一旦发病，可喷施 25% 多菌灵可湿性粉剂，稀释 250—400 倍进行治疗。

（四）煤污病

1. 症状描述

煤污病主要由于木虱若虫排泄的含糖分泌物滴落至叶片和枝干上，造成污染并形成煤烟状物质或黑色霉层。这种污染严重干扰了叶片的光合作用，导致树木无法进行正常的生理代谢。病原菌的侵袭进一步导致枝干枯死。

2. 防治措施

①苗期应加强管理，及时进行中耕除草。②使用 800 倍多菌灵溶液进行

喷洒，建议喷洒2—3次，每次间隔7—10天；早春时，可喷洒50%乐果乳油2000倍液。

图1-10 煤污病危害状

二、虫害防治

（一）白粉虱/木虱

1.形态特征

成虫体长雄性为1.35—1.50毫米，雌性为1.57—1.75毫米。初羽化时体色为白色，随后逐渐转变为淡绿色，最终变为橙黄色和灰褐色。冬季型（第三代）的体色比夏季型（第一代和第二代）更深，且褐色斑点更为明显。触角呈丝状，淡黄色，共10节，基部两节较为粗大。第八节末端以及第九和第十节均为黑色，末端带有1对叉状刚毛。复眼为红色；单眼3个，同样为红色。胸部背面隆起，带有褐色纵纹，左右对称。腹部各节的背板和腹板上分布有褐色横纹，侧板为黄色。雌虫的尾端尖锐，略微向下弯曲，而雄虫的尾端则呈开张状。足部为黄褐色，腿节背面及胫节基部为黑褐色；前翅透明，具有鳞状纹饰，布满黑色或黑褐色斑点，外缘形成一条褐色带，脉络带有斑纹。后翅透明，腹部为黄褐色，带有黑色至黑褐色斑点。胸部宽度小于头部宽度，中胸盾片两侧鼓起，中央呈凹陷状；后足胫节没有基刺，基跗节具有一对爪状距，后基突仅为一个小丘突。前翅长度为1.20—1.44毫米，宽度为0.53至0.59毫米，长宽比为2.29—2.45倍，呈长椭圆形，前缘有断痕，翅痣狭长。后翅长度为 1.13—1.20 毫米，宽度为 0.38—0.40 毫米，长宽比为 3 倍。雄性成虫的腹部末端侧视肛节呈黑褐色，粗壮，末端突然变细，呈管状；阳基侧突为黄色至黄褐色，短于肛节，具有分支；阳茎端显著膨大。雌性成虫的腹部末端侧视为三角形，背瓣背缘波曲，肛门呈椭圆形，约为背瓣长度的 1/3，腹瓣上缘波曲，底缘呈弧形。卵为无色，半透明，长卵形，上端稍钝尖，基部带有卵柄。卵的长度为 0.20—0.23 毫米，宽度为 0.09—0.12 毫米，卵柄长度为 0.05—0.06 毫米。初产时为乳白色，之后逐渐呈现微黄色。孵化前 3 天，卵上出现桔红色眼点。

图 1-11 木虱成虫形态

2. 生长习性

该物种一年内可繁殖 4—5 代，成虫通常在树干底部的树皮裂缝或地面的落叶层中潜伏越冬。每年 4 月中旬，随着文冠果的芽萌发，越冬的成虫开始活跃，进行交配并产卵。5 月初，若虫开始出现，而到了 5 月下旬，即文冠果花凋谢时，若虫数量达到高峰期。5 月末，第一代成虫大量羽化；6 月中旬，产卵活动达到高峰，下旬则是第二代若虫出现的高峰期；7 月初，第二代成虫开始羽化，至下旬达到羽化高峰；8 月初，第三代成虫羽化，经过几天的营养补充，部分成虫开始准备越夏。9 月中旬，它们结束夏眠状态，经过短暂的营养补充后，9 月下旬逐渐进入越冬状态。该物种的世代重叠现象十分明显，因此在任何特定时期，都可以观察到不同世代和各种虫态共存的情况。

3. 危害症状

持续的吸吮导致文冠果叶片无法获得足够的碳水化合物以支持其生长。在吸食叶片汁液的过程中，害虫还会将毒素注入叶片，而它们分泌的蜜露则为霉菌的生长提供了适宜的环境，从而污染了叶片和果实。

4. 防治方法

①在冬季，清除林地中的枯叶和杂草，以消灭文冠果隆脉木虱的越冬成虫。在冬季或早春时节，可以通过涂抹树干基部的白剂或使用 80% 敌敌畏乳油稀释 500 倍、60% D-M 合剂稀释 200 倍的方法，来进一步消灭这些越冬成虫。②利用自然天敌进行生物防治。文冠果木虱的主要天敌包括异色瓢虫、七星瓢虫、二星瓢虫、大草岭、中华草岭和三突花蛛等，它们能够捕食木虱的成虫、若虫和卵。通过观察田间天敌与害虫的比例，如果天敌数量占优且害虫造成的危害不严重，则无需使用化学农药。③在 4 月中下旬，文冠果隆脉木虱成虫开始出蛰，此时应选择在天气晴朗且湿度较高的夜间，在林内连续施放 5% 敌马烟剂 2 至 3 次，每次每亩地使用 1 千克。同时，可以使用 40% 氧化乐果乳油、80% 敌敌畏乳油、50% 马拉硫磷乳油、90% 敌百虫晶体、50% 杀螟松乳油稀释 1000 至 1500 倍液，来防治文冠果隆脉木虱的若虫或成虫。

（二）黑绒金龟子

1. 形态特征

成虫体长介于 6—9 毫米，体宽在 3.1—5.4 毫米之间。这是一种小型甲虫，体呈卵圆形，颜色从黑色到黑褐色不等，亦有棕色个体，体表带有微弱的虹彩光泽。头部较大，唇基长且表面粗糙油亮，布满密集的刻点和少量刺毛，中央部分略为隆起。额唇基缝呈钝角形后折，几乎与前缘平行。触角由 9—10 节组成，大多数情况下为 9 节，鳃片部由 3 节构成。头部表面覆盖着一层绒状闪光层。

2. 生长习性

该物种一年完成一代生命周期，成虫在土壤中越冬。次年 4 月中旬开始出土活动，4 月末至 6 月上旬为成虫活动的高峰期。在高峰出现前通常会有降雨，因此成虫有雨后集中出土的习性。到了 6 月末，虫量开始减少，到了 7 月份，成虫几乎不再出现。成虫适宜的活动温度范围为 20 ℃—25 ℃。日均温度达到 10 ℃以上时，较大的降雨量和较高的温度有利于成虫的出土。

3. 危害症状

该害虫会咬断幼苗的根和茎，蛀食茎部，导致苗木或树木死亡。

4. 防治方法

①药物防治：在树上喷洒药物和在树下撒布药物。在害虫发生高峰期，每隔 10—15 天在树上喷洒一次 2000—3000 倍的 2.5% 氰菊酯乳油或 12.5% 高效氟氯氰菊酯乳油，树下撒布甲敌粉或巴丹粉。也可使用 50% 辛硫磷乳油，按照每公顷 3.75 千克的用量，制成土颗粒剂或毒水，以毒杀幼虫。早春，在越冬成虫出土前，在树冠下撒布毒土（使用 40% 二嗪农乳油，每公顷 9 千克）。成虫期可使用 80% 敌敌畏乳油 100 倍稀释液或 50% 杀松乳油 1000 倍稀释液喷洒叶片。成虫爆发时，在树上喷洒 2.5% 氰菊酯 2000 倍稀释液，喷药时间以早晨 6 时至 8 时或晚上 7 时以后为宜。②采取挂鸟巢、性引诱、细菌杀虫等非化学防治手段。

图 1-12 黑绒金龟子成虫形态

（三）刺蛾

1. 形态特征

成虫的体色为鲜亮的绿色；复眼呈现出深邃的黑褐色；头胸部的背板是生机勃勃的绿色，而腹部则呈现为柔和的灰黄色；下唇须呈温暖的棕色；前翅同样为绿色，基部带有醒目的暗褐色大斑点，外缘则是一条宽阔的灰黄色带；翅的背面呈现出淡雅的灰绿色；前翅的前缘、外缘以及后翅的前缘均显现出深沉的暗褐色，前后翅的边缘毛发则是浅棕色；触角呈深褐色，雌性成虫的触角为丝状。随着成长，幼虫的体形逐渐变得长方形，起初为明亮的黄色，随后转变为黄绿色直至绿色。蛹的形状为椭圆形，初时颜色从乳白色渐变为淡黄色，最终变为黄褐色。茧的形状也是椭圆形，质地坚硬，颜色通常与寄主树皮相近，从灰褐色到深褐色不等。

图 1–13 黄刺蛾幼虫形态

2. 生长习性

在我国北方，该害虫每年普遍经历一次完整的生命周期，老熟幼虫会在枝干或地下形成茧以度过冬季。次年 5 月中下旬，它们开始化蛹，而 6 月上旬至 7 月中旬则是成虫活跃的时期。成虫主要在夜间活动，具有向光性，它们产下的卵通常以鱼鳞状排列，多产于叶片背面的主脉附近。每只雌性成虫可产卵超过 150 粒，而卵的孵化期大约为 7 天。幼虫的活动期从 6 月下旬持续至9月下旬，其中8月份是它们造成危害的高峰期。幼虫分为8个龄期，少数可达9龄，初孵化的幼虫会在原地食用卵壳，一天后蜕皮，并将蜕下的皮吃掉。随后，幼虫开始啃食寄主植物的叶片，随着成长，它们会将叶片咬成缺刻或孔洞，到了6龄后，幼虫甚至会将整片叶片吃光，仅留下叶脉。低龄幼虫倾向于群居，但到了4龄后，它们会逐渐分散进行危害。8月下旬至9月下旬，幼虫逐渐成熟，多数会钻入土中或在树枝干上制作石灰质茧以越冬。该害虫的危害表现为：它们以啃食树叶为食，导致受害树叶仅剩叶脉，失去了进行光合作用的能力，这严重影响了树木的正常生长。

3. 危害症状

幼虫取食下表皮和叶肉，留下上表皮；幼虫长大后把叶食成缺刻，严重时将叶片吃光。

4. 防治方法

①人工防治：幼虫群集危害时，摘除虫叶；在成虫发生期，利用灯光诱杀成虫；秋冬季人工挖虫茧烧毁。②药物防治：在幼虫3龄前，建议使用生物农药或仿生农药进行防治。例如，可以施用含有16000IU/mg的Bt可湿性粉剂，稀释比例为500—700倍液；1.2%的苦烟乳油，稀释比例为800—1000倍液；25%的灭幼服悬浮剂，稀释比例为1500至2000倍液。幼虫大面积发生，可喷施用20%速灭杀丁2000—3000倍液，2.5%敌杀死1500—2000倍液，50%辛硫磷乳油1000—1500倍液，20%菊杀乳油1000—1500倍液等药剂进行防治。

（四）蚜虫

1. 形态特征

半翅目蚜总科是该类昆虫的统称，涵盖了蚜总科下的所有成员。它们通常由头、胸、腹三部分组成；腹部可能没有腹管，或者具有环状或管状的腹管。体长一般在1.5—4.9毫米之间，大多数约2毫米。体表可能是光滑的，或者被蜡粉、蜡丝所覆盖。触角由6节组成，少数种类为5节，极少数为4节。触角第6节基部与鞭部交界处的感觉圈被称为“初生感觉圈”，而其他各节的感觉圈则称为“次生感觉圈”。这些感觉圈通常是圆形的，偶尔呈椭圆形，末节的端部通常比基部长。眼睛大，由多个小眼面组成，通常有三个突出的小眼面形成眼瘤。喙的末节从短钝到长尖不等。腹部的大小超过了头部和胸部的总和。前胸和腹部的各节通常有缘瘤。腹管通常是管状的，长度通常大于宽度，基部较粗，向端部逐渐变细，中部或端部有时会膨胀，顶端常有缘突，表面可能是光滑的，有瓦纹或网纹，偶尔生有或多或少的毛发，极少数情况下腹管是环状的或缺失。尾片多为半圆形、瘤状、不同长度的圆锥形、三角形或五角形等。尾板的末端是圆的。表皮可能是光滑的，有网纹或皱纹，或者由微刺或颗粒组成的斑纹。体毛的顶端可能是尖锐的或平钝的，有时会膨胀成头状或扇状。有翅的蚜虫触角通常由 6 节组成，第 3 节或第 3 和第 4 节，或第 3 至第 5 节具有次生感觉圈。前翅的中脉通常分为三支，少数分为两支。后翅通常有两支肘脉，极少数情况下后翅变小，翅脉退化。翅脉有时镶有黑边。身体半透明，大多数是绿色或白色。

2. 生长习性

蚜虫的繁殖力很强，一年能繁殖 20—30 代，世代重叠现象突出。雌性蚜虫出生以后只需 5 天就能生育后代。而且蚜虫不需要雄性就可以怀孕（即孤雌繁殖）。蚜虫寿命约 3 个月。

3. 危害症状

吸食叶片中的汁液，叶片发黄，甚至枯萎。

4. 防治方法

①人工防治：在秋季和冬季，对树干基部进行刷白处理，以阻止蚜虫产卵；通过修剪，去除受害的枝梢和残花，并集中焚烧，以减少越冬的虫口数量；在冬季，刮除或刷去树皮上密集的越冬卵块，并及时清理掉残枝落叶，以减少越冬的虫卵；春季时，若发现少量蚜虫，可以使用毛笔蘸水清洗，或者将盆花倾斜置于自来水下旋转冲洗。

②药物防治：一旦发现大量蚜虫，应立即喷洒农药。可以使用 50% 马拉松乳剂稀释至 1000 倍液，或 50% 杀螟松乳剂稀释至 1000 倍液，或 50% 抗蚜

威可湿性粉剂稀释至3000倍液，或2.5%溴氰菊酯乳剂稀释至3000倍液，或2.5%灭扫利乳剂稀释至3000倍液，或40% 吡虫啉水溶剂稀释至1500—2000倍液等，对植株进行1—2次喷洒；另外，可以按照1 ：6—1 ：8的比例配制辣椒水（煮沸约半小时），或按照1 ：20—1 ：30的比例配制洗衣粉水喷洒，或按照1 ：20 ：400的比例配制洗衣粉、尿素、水混合溶液喷洒，连续对植株进行2—3次喷洒。

（五）根结线虫

1. 形态特征

根结线虫雌雄异体。幼虫呈细长蠕虫状。雄成虫线状，尾端稍圆，无色透明，大小（1.0—1.5）毫米 ×（0.03—0.04）毫米。雌成虫梨形，多埋藏在寄主组织内，大小（0.44—1.59）毫米 ×（0.26—0.81）毫米。该种雌虫会阴区图纹近似圆形，弓部低而圆，背扇近中央和两侧的环纹略呈锯齿状，肛门附近的角质层向内折迭形成一条明显的折纹和肛门上方有许多短的线纹等特征与本属已记载的其他根结线虫的会阴区图纹显著不同。此外，具有比一般根结线虫较长的侵袭期幼虫。雌虫、雄虫和幼虫的口针较长；背食道腺开口离口针基部球较远；卵囊通常为褐色，表面粗糙，常附着许多细小的砂粒。

2. 生长习性

根结线虫的生活史要经历卵、幼虫和成虫三个时期。在适宜条件下（20 ℃—30 ℃），卵经过2天分裂成20个左右的细胞，然后进入囊胚期，再经过2天，第4—5天进入原肠期，之后的4—5天先出现口针，形成一龄幼虫，再经过静伏和第一次蜕皮，破壳孵出即是二龄幼虫。二龄幼虫是根结线虫侵染危害植物的唯一有效龄期，二龄幼虫由植物根尖侵入，在经过两次蜕皮发育成成虫，雄成虫重回到土壤中，雌成虫产卵繁殖后代，多数根结线虫只进行孤雌生殖。根结线虫主要以卵、卵囊或2龄幼虫随病残体在土壤中越冬，当气温达到10 ℃以上时，卵就能孵化出幼虫。

3. 危害症状

果苗木患病后叶片逐渐变黄，地上部分萎缩，生长停止，最终枯黄死去。

图 1-14 根结线虫危害状

4. 防治方法

①人工防治：在冬季对土壤进行松土和晒根，深度挖掘病株树盘下的根系周围土壤，剪除受到根结线虫病侵害的根部，并迅速将病根从果园中移除，集中焚烧销毁。②药物防治：在树盘内每隔 20—30 厘米处挖一个洞，将 10% 二溴氯丙烷颗粒剂以每株 200 克或 3% 氯磷颗粒以每株 200 克，或 10% 硫线磷颗粒剂以每株 200 克的剂量，施用于 15—20 厘米深的土层中，施药后立即灌水并覆盖土壤；或者使用 0.5% 阿维菌素颗粒剂，按照每公顷 75 千克的用量均匀施撒在挖开的沟中，并压实土壤；亦可采用 99% 氯化苦原液，按照每公顷 75 千克的用量处理土壤。

三、其他危害

（一）鼠害问题

鼠害通常在文冠果直播造林过程中出现。种子发芽初期的幼根极易遭受老鼠啃食，导致苗木死亡，从而引起缺苗现象。为应对这一问题，主要的防治措施包括：在播种前，利用具有驱避和毒杀效果的农药混合制成复合剂，对文冠果种子进行拌种处理并制作种子包衣；在定植造林时，将幼苗的茎和根部浸蘸 P-1 趋避剂。这种方法既不会对环境造成污染，也不会伤害老鼠的天敌，同时能提供良好的防护效果。另外，早春时节在林地投放杀鼠剂也是有效的防治手段。

（二）兔害问题

文冠果一至三年生的幼苗，当地径小于 3 厘米时，常遭受野兔的侵害。兔害多发生在早春的 2—4 月，此时草本植物尚未复苏，兔子便以啃食幼树茎部 60 厘米以下的树皮为食。若树皮被啃食面积过大或环绕树体一周，将导致树体水分和营养流失，进而影响文冠果苗木的运输，妨碍树木的正常生长，甚至导致死亡。鉴于兔子对各种气味有强烈的厌恶反应，可以通过配置具有特殊气味的趋避剂或使用石硫合剂对树干进行涂刷，以保护树体。具体的趋避剂配制方法是：取废机油或柴油，加入黏着剂（每千克废机油配 400 克黏着剂）和黏土（200 克），混合均匀后，涂抹在树干距离地面 1 米以下的部分。除了使用趋避剂外，还可以通过包裹防护条来防治兔害。

第二章　核桃栽培管理技术

第一节　概述

一、核桃的经济价值

核桃不仅是重要的坚果、木材、油料树种，还具有优化生态环境和多种开发利用功能，展现出广阔的开发前景。核桃种仁富含营养价值和保健功效，可用于提炼高品质食用油，以及制作各类食品、保健品和美味佳肴。其根、枝、叶、青皮在中国传统医学中被用作药材。核桃木材质地坚硬、色泽淡雅、纹理精致，非常适合制作高档家具和用具；由于其坚固、纹理细腻、弹性良好，易于打磨抛光，常用于制造乐器和枪托。此外，核桃壳可加工成高级活性炭，具有净化饮水、空气、食材和血液的独特作用。

二、保定市核桃生产现状

中国作为核桃的原产地之一，拥有超过 2000 年的栽培历史。近年来，中国的核桃产业迅速发展，种植面积和产量均居世界首位。河北省作为核桃的传统主产区，拥有诸如石门核桃、涉县核桃等中国国家地理标志产品，历史悠久。2009 年，河北省核桃种植面积达到 52260 公顷，产量为 6 万吨；到了 2021 年，种植面积扩大至 14.47 万公顷，产量增至 18.22 万吨，占全国总产量的 3.37%，位居全国第六。河北省的核桃产区主要分布在太行山东麓的浅山丘陵区和燕山区，其中石家庄、保定、唐山、邢台、邯郸和承德为主要产区，年产量均超过 1 万吨。主要生产县包括太行山区的赞皇、涉县、武安、临城、唐县、平山和燕山区的兴隆。

在保定市，核桃种植与加工是传统优势产业。阜平、唐县、涞源等地的核桃产量超过 3000 吨。近 10 年来，保定市的核桃产量和种植面积呈现稳步增长的趋势，但随着全国核桃栽培面积的急剧扩张，尤其是新疆等地高质量果品的市场涌入，核桃价格遭遇大幅下跌，并出现了严重的滞销问题。然而，阜平等地区通过引进先进品种、培育龙头企业、延长产业链等措施，推动了核桃产业的持续发展，有效促进了周边群众的就业，为乡村振兴和经济发展提供了有力支持。

第二节　核桃优良栽培品种

我国将核桃根据播种后结果的早晚分为“早实核桃类群”和“晚实核桃类群”。早实类群的核桃在播种后1—2年内即可开花结果，而晚实类群的核桃则需要大约5—8年，甚至更长时间才能结果。尽管如此，无论是早实类群还是晚实类群，嫁接后的核桃苗开始开花结果的年龄差异并不显著。因此，在选择品种时，区分这两类核桃的实际意义已经不大。相反，应更加重视品种的生长和结果特性，以及它们对生态和技术条件的具体需求。为了便于理解和保持长期的使用习惯，目前仍然按照早实和晚实两大类群（品种群）进行分类。

一、早实类型品种

对土壤条件要求较高，要求园地土层厚度在1米以上，有一定的浇水条件。适合在平原、山前平原、沟谷台地、山脚缓坡等土层深厚的土地上栽植。

（一）辽宁1号

坚果呈圆形，基部平或圆形，顶部略微呈现肩状。壳表面相对光滑，颜色较浅，缝合线轻微隆起，结合紧密无缝。坚果的平均重量为12克，壳厚度约为1毫米，内褶壁已退化，便于取出完整的果仁。果仁的重量为6.6克，出仁率为59.6%。核仁饱满充实，呈黄白色，风味极佳。

树势强壮，树姿直立或半开张，分枝力强，枝条粗壮密集。丰产性强，侧芽形成混合芽比例90%以上，座果率60%以上，多双果或3果，五年生最高株产5.1千克。属雄先型，坚果9月中旬成熟。该品种丰产性和适应性强，耐干旱，抗病性较强，坚果品质优良。早实核桃品种中综合性状最好，适宜河北省大力发展。

图 2-1 辽宁 1 号结果状及坚果

（二）辽宁 7 号

坚果呈圆形，基部和顶部均为圆形。壳面极为光滑，颜色浅淡；缝合线狭窄且平整，结合紧密无缝。坚果的重量为 10.7 克，壳厚 0.9 毫米，内褶壁膜质或已退化，横隔亦退化，可轻松取出整颗果仁。果仁重 6.76 克，出仁率达到 62.6%。核仁饱满充实，呈黄白色，风味极佳。

树木生长旺盛，树姿呈开张或半开张状，分枝能力强大。果枝比例高达 91.0%，坐果率超过 60%，通常结双果，具有很强的丰产性，五年生的植株产量可达 4.7 千克。该品种属于雄先型，9 月上旬坚果成熟。此品种连续丰产性能强，抗病性强，耐寒性好，壳薄且光滑，坚果品质上乘，非常适合在较贫瘠的丘陵和低山地区种植。其唯一的不足是早期丰产性稍逊，但 6—7 年后将进入高产期。

图 2-2 辽宁 7 号结果状及坚果

（三）赞美

该品种源自赞皇早实核桃，属于早实核桃系列。其树体较为矮小，树姿呈半开张状，树势强健。主要以侧花芽结果，双果率高达48%。在河北赞皇地区，该品种通常在3月底至4月初开始萌芽和展叶，4月上旬迎来雄花的盛花期，而雌花则在4月中旬盛开。果实的快速生长期介于5月中旬至6月下旬，硬核期则在6月底至7月上旬。果实的成熟期落在8月下旬至9月上旬，而落叶期则在10月底至11月初。该品种属于雄先型，因此在建园时需要配置雌先型品种作为授粉树。坚果呈长圆形，缝合线紧密，平均单果重为11.30克，硬壳厚度为1.2毫米，出仁率可达53.6%。种仁含有较高的油酸，颜色为黄白色，具有浓郁的香味和酥脆的口感。此外，该品种还表现出较强的抗病性和极强的耐日烧能力。它具有连续多年高产的特性，果实大小均匀，种仁饱满，无坏果现象。

图 2-3 赞美结果状及坚果

（四）西岭

坚果呈圆形，壳面极为光滑，平均单果重15.9克，壳厚1.11毫米，出仁率高达60.68%，易于取出整仁，脂肪含量为67%。该品种具有早实和极强的丰产性，双果率可达57%，三果率也有5.24%。嫁接后第五年，树冠投影产量可达到491.3克/平方米。果实成熟时，青皮不会开裂，有效避免了因青皮开裂对坚果造成的不良影响。此外，该品种还具有较强的抗核桃细菌性黑斑病和炭疽病能力。总体而言，该品种不仅丰产性高，而且果个较大，商品性优良。

图 2-4 西岭结果状及坚果

（五）绿岭

坚果呈长圆形，壳面光滑且美观，呈现出浅黄色泽，其缝合线狭窄而平整，结合得十分紧密。每颗坚果的重量为 12.8 克，壳厚仅为 0.8 毫米，内褶壁已退化，横隔膜为膜质结构，便于取出完整的核仁。核仁的重量达到 8.6 克，出仁率高达 67%。核仁饱满充实，口感香醇，不带涩味。

树木生长旺盛，分枝能力较强。侧芽中混合芽的比例高达 83.2%，座果率大约为 65%。该品种属于雄先型，坚果在 9 月初成熟。

此品种的坚果个头大，壳面光滑美观，核仁饱满，品质优良，具有很高的商品价值。然而，其抗病性略有不足，这是需要改进的缺点。

图 2-5 绿玲结果状及坚果

（六）香玲

坚果呈卵圆形，基部平坦，顶部微尖。壳面浅刻，光滑且外观悦目，呈浅黄色；缝合线细窄且平整，结合力适中。坚果的重量为 10.8 克，壳厚 0.9 毫米，内褶壁已退化，横隔膜质地，可轻松取出整颗果仁。果仁重 7.06 克，出仁率高达 65.4%。核仁饱满充实，呈黄白色，香气浓郁而不苦涩。

树木生长旺盛，树姿相对直立，分枝能力强大。果枝比例为 81.7%，坐果率超过 60%，且双果现象普遍，显示出极强的丰产性。该品种属于雄先型，9 月上旬坚果达到成熟期。

尽管该品种的坚果光滑美观，品质上乘，但其抗病能力略显不足。

图 2-6 香玲坚果

（七）辽宁 5 号

辽宁省经济林研究所通过人工杂交技术培育出的品种，已在辽宁、河北、河南、陕西、山西、北京等多个地区广泛栽培。该品种的坚果呈椭圆形，底部圆润，顶部略显细长而微尖。每个坚果的平均重量为 10.3 克，壳面光滑，颜色较浅；壳上的缝合线宽阔且平整，闭合紧密。壳的厚度为 1.1 毫米，内褶壁已退化，方便取出整仁或半仁，出仁率高达 54.4%。种仁饱满，呈浅黄褐色，口感风味极佳。作为雌先型品种，其树势适中，树姿开张，分枝能力强，果枝率高，具有很高的丰产性。该品种适应性较强，坚果品质优良，非常适合用作授粉品种，并且适宜在我国北方核桃栽培区推广发展。

图 2-7 辽宁 5 号结果状及坚果

二、晚实类型

顶花芽结果的品种相较于早实品种，结果时间较晚，但它们对环境条件的适应性较强，具有较强的抗病性和耐旱性，适合在浅山丘陵地区的干旱缺水和土壤较为贫瘠的坡地或黄土高原上种植。

（一）清香品种

坚果呈近圆锥形，底部较平，顶部较尖。壳面光滑，呈淡褐色；缝合线紧密相连。坚果平均重量约为 14 克，壳厚 1.2 毫米，内褶壁退化，易于取仁，果仁重约 6.76 克，出仁率可达 52%。核仁饱满充实，呈浅黄色，风味佳。

该品种的树木生长旺盛，树姿半开张，幼树生长迅速，成枝力中等。果枝比例为 37.4%，常结双果，丰产性极佳，属于雄先型品种，坚果在 9 月中旬成熟。通过采取适当的栽培措施，该品种能够持续保持高产。此外，该品种对病虫害的抵抗力较强，坚果品质优良，大约在 6—7 年后进入盛果期，年年都能保持高产。不过，幼树期偶尔会出现空果现象。

图 2-8 清香结果状坚果

（二）魁香

坚果呈圆形，壳面相对光滑，呈淡黄褐色，缝合线较为平整，结合紧密。坚果的纵径为 3.24 厘米，横径为 3.64 厘米，侧径为 3.44 厘米，单个果实的重量为 13.9 克，果仁重 7.7 克，出仁率为 55.4%。内褶壁和横隔膜均退化，便于取出整仁或半仁。果仁饱满，色泽浅，香气浓郁，无涩味，含有 68.5% 的脂肪，18.0% 的蛋白质，以及 9.1% 的总碳水化合物。母树年龄为 40 年，每株产量可达 57 千克。高接树从第三年开始结果，六年的树木平均单株产量为 3.4 千克。

树势健壮，树姿较开张。4 月上旬发芽，4 月下旬雄花散粉，雌花盛期在 5 月上旬，属雄先型。坚果 9 月上旬成熟，抗病性强，耐瘠薄，无冻害发生。

图 2-9 魁香结果状及坚果

（三）礼品 2 号

坚果体积较大，呈长圆形，底部圆润，顶部圆滑且略带尖角。壳面光滑，颜色浅淡，缝合线狭窄且平整，结合紧密，但用手轻轻一捏即可打开。每颗坚果的重量约为 13.5 克，壳厚仅为 0.7 毫米，内部褶壁与横隔膜退化，因此非常容易取出果仁。果仁的重量大约为 9.1 克，出仁率大约为 67.4%。果仁饱满充实，色泽浅淡，风味极佳。

该树种的生长势态适中，树形半开张，分枝能力较强。结果母枝的顶端通常会抽出 2—3 个结果枝，座果率大约为 70%，通常会形成双果，常见的是一个总苞内含有两颗坚果。嫁接后的树木从第四年开始结果。此品种为雌先型，大约在9月中旬坚果成熟。该品种具有高产和抗病的特性，坚果个头较大，壳极薄，出仁率高。

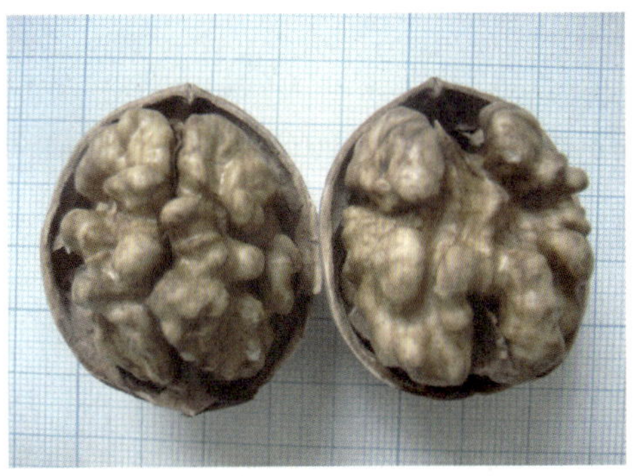

图 2-10 礼品2号坚果及果仁

第三节　苗木培育

选用优质种子，培育健壮苗木，构成了核桃优质高产的物质基础。嫁接作为一种关键且高效的无性繁殖手段，不仅能够确保优良品种苗木的特性稳定遗传，而且是实现优质高产的首要保障。在核桃生产技术先进的国家，嫁接繁殖育苗已被广泛采用，这不仅实现了品种的良种化，还促进了管理的集约化。相比之下，我国大部分成年核桃树和部分幼树仍采用实生繁殖，这已成为我国核桃产量低、品质差、结果晚的主要原因之一。由于核桃是雌雄同株但需异花授粉的树种，实生后代的遗传分离现象十分明显。即便是同一棵树上的种子，其后代在生长表现上也存在显著差异，导致挂果年龄、单位产量和坚果品质的差异极大。因此，淘汰实生育苗，建立优良品种采穗圃，推广嫁接繁殖技术，以及普及优良品种嫁接苗的使用，对于实现核桃的良种化、优质化和高效益化至关重要。

一、苗圃地选择和准备

（一）苗圃地的选择

苗圃地的土壤质地、灌溉排水设施以及环境条件的选择，对于育苗的成功与否至关重要。理想的苗圃地应具备肥沃的沙质壤土，具备良好的灌溉和排水能力，位于背风向阳的区域，并且交通便利，避免使用曾种植过相同作物的地块。应避免选择撂荒地、盐碱地或连续种植相同作物的土地作为苗圃。

（二）苗圃地的准备工作

在选定苗圃地后，首要任务是进行规划和整理，这包括划分不同的功能区以及进行土壤的深翻、整平、施肥、灌溉和作畦等步骤。每亩地应施用4000—5000千克的优质农家肥，磷肥80千克或二胺50千克，以及硫酸亚铁（黑钒）50千克，将这些肥料混合均匀后撒入苗圃地，随后进行旋耕和细耙。制作宽度为3米或1.6米，长度根据地块实际情况而定的育苗平床，畦埂宽度为40厘米，高度为20厘米，并确保地面平整以备播种。

二、砧木苗培育

目前，核桃生产主要采用实生砧木，即通过种子繁殖得到的实生苗。作为嫁接苗的砧木，它需要具备种子来源广泛、繁殖方法简单、繁殖系数高以及良好的亲和力和适应性等特点。

（一）砧木选择

选择砧木时，应考虑其是否适应当地的生态环境以及砧木和接穗的特性。我国目前有七种主要的核桃砧木，包括核桃、铁核桃、核桃楸、野核桃、麻核桃、吉宝核桃和心形核桃。在这些品种中，前四种应用较为广泛。在常用的核桃砧木中，以核桃作为本砧是最为普遍的选择。同时，黑核桃正在被试验用作普通核桃的砧木，而核桃属以外的枫杨也被考虑作为核桃砧木使用。

核桃作为砧木，在河北、河南、山西、陕西、山东、北京等地被广泛使用。它具有较强的嫁接亲和力、高成活率、牢固的接口愈合以及良好的生长和结果表现。核桃喜好钙质和深厚土壤，但不耐盐碱。近年来，美国的研究表明，使用核桃本砧进行嫁接可以增强对核桃黑线病的抵抗力。然而，核桃种子来源复杂，实生后代的分离广泛，在出苗期、生长势、抗逆性和与接穗的亲合力等方面存在差异，这些因素影响了苗木的整齐度。

（二）选种、采种及贮藏

1. 选种与采收

选用本地核桃作为种子是最佳选择。避免使用核桃楸作为种子，因为以核桃楸作为砧木容易导致小脚现象，且其根系较浅，不耐风害。在北方地区，切勿采用南方核桃作为种子，因为南方核桃在北方越冬时容易遭受冻害。应当挑选生长健壮、无病虫害、产量稳定且抗逆性强的母树进行采种。当坚果完全成熟，即青皮由绿色转变为绿黄色且有一半开裂时，即可进行采收。采收后，应去除核桃的青皮，并在通风干燥的地方晾干，避免直接曝晒。晾干后，将核桃装袋，存放在干燥通风的环境中备用。

2. 种子的贮藏

核桃种子没有后熟期。秋季播种的种子不需要长时间的贮藏，晾晒也不必完全干透，一般在采收后约 1 个多月即可播种，即使带青皮进行秋季播种效果也很好。然而，春季播种的种子则需要经过较长时间的贮藏。核桃种子在贮藏时的适宜含水量为 4%—8%。贮藏环境应保持低温（- 5 ℃—10 ℃）、低湿（空气相对湿度 50%—60%）并适当通风，同时注意防范鼠害。

核桃种子的贮藏主要采用室内干藏法。即将干燥的种子装入袋、篓、囤、木箱、桶、缸等容器中，存放在经过消毒的低温、干燥、通风的室内或地窖内。如果种子数量较少，可以将种子悬挂在室内，这样既可以防止鼠害，又有利于通风散热。如果种子需要度过夏季，则需要采用密封干藏法，即将种子装入双层塑料袋内，并加入干燥剂密封，然后存放在可以调节温度、湿度和通风的种子库或贮藏室内。保存温度应控制在 ±5℃之间，相对湿度保持在 60% 以下。

（三）种子的处理

核桃的播种时间主要分为秋季和春季两个阶段。在秋季播种时，核桃种子可以在播种后自然地完成层积过程，因此可以直接进行播种。不过，为了确保种子能够更好地吸收水分，建议先将核桃种子浸泡在水中 24 小时。至于春季播种，则需要采取特定的处理措施以促进种子的发芽。常见的处理方法包括以下几种。

1. 沙藏处理

选择排水良好、背风向阳且无鼠害的地点，挖掘贮藏沟（或贮藏坑）。沟的深度应为 0.7—1.0 米，宽度为 1.0—1.5 米，长度则根据贮藏种子的数量而定。在冻土层较深的地区，贮藏沟应适当加深。贮藏前，应对种子进行水选，去除漂浮在水面的不饱满种子，然后将剩余种子用冷水浸泡 2—3 天后进行沙藏。贮藏前，先在沟底铺设 10 厘米厚的湿沙，湿沙的含水量应以手握成团而不滴水为宜。接着，在湿沙上放置一层核桃，核桃上再覆盖一层 10 厘米厚的湿沙，如此交替，直至距沟口 20 厘米处。最后，用湿沙将沟填平，并在最上面用土堆成屋脊型，以防止雨水渗入。沟内每隔 2 米竖立一通气草把，以保持种子的呼吸和正常生理活动。

2. 冷水浸种

对于未能进行沙藏的种子，可采用冷水浸泡 7—10 天，期间每天更换一次水。浸种完成后，将种子在水泥地上摊成薄层，在阳光下曝晒半小时，待有一半种子裂口后即可播种。为了确保苗齐，浸种后可将种子捞出，与相当于种子体积 5—6 倍的湿沙混合均匀，然后堆放在向阳处进行催芽，上面覆盖湿麻袋或湿草。每 2—3 天翻动一次，待种子开裂发芽时，挑选已发芽的种子进行播种。

3. 冷浸日晒

此方法结合了冷水浸种与日晒处理。将经过冷水浸泡的种子放置在日光下曝晒几小时，待 90% 以上的种子裂口后即可播种。如果未裂口的种子超过 20%，应将这部分种子拣出，再次浸泡几天后进行日晒以促进裂口。对于少数未开口的种子，可采用人工轻砸种尖部位的方法进行促裂，之后再进行播种。

4. 温水浸种

将种子放入缸中，倒入 80℃的热水，并立即用木棍搅拌。待水温降至常温后，让种子浸泡。之后每天更换一次冷水，浸泡 8—10 天，直到种子膨胀并裂口后，即可捞出播种。

5. 开水烫种

首先将干核桃种子放入缸内，然后倒入 1—2 倍于核桃种子量的沸水，迅速搅拌 2—3 分钟。待水温不烫手时，加入冷水，浸泡数小时后捞出播种。此方法主要用于中、厚壳的核桃种子，而薄壳或露仁核桃不宜采用，以免烫伤种子。

（四）播种

1. 播种时期

核桃的播种时期主要分为春季和秋季两个阶段。秋季播种适宜在土壤开始结冻之前，大约在 10 月中下旬至 11 月进行。秋季播种方法简便，种子出苗整齐，且无需特别处理即可直接播种。然而，秋季播种的弊端在于，如果播种过早，种子在湿润土壤中因气温较高而容易发芽或发霉；反之，如果播种太晚，土壤结冻会使得播种变得困难。尤其在冬季严寒和鸟兽危害较为严重的地区，秋季播种并不适宜。春季播种则需要对种子进行预处理，以促进其发芽，华北地区通常在 3 月中下旬至 4 月上中旬进行，即土壤解冻后尽早播种。

2. 播种方法

播种前，首先用少量水彻底湿润准备好的育苗床，待土壤湿度适宜后，开始挖沟。沟的深度应控制在 6—8 厘米，采用宽窄行的播种方式，宽行的行距为 50 厘米，窄行的行距为 30 厘米，株距则为 15 厘米。接着，按照株距进行点播，确保种子的缝合线与地面垂直，种子尖端平放。播种后，覆盖土壤并耙平压实。然后，使用扑草净对地面进行封闭处理，按照 80 克扑草净兑 40 千克水的比例，喷洒一亩地。喷洒后，覆盖 1.6 米宽的地膜，以提升地温并保持土壤湿度，促进种子快速、整齐地出苗，从而提高出苗率。通常情况下，每亩播种量为 60—80 千克，具体用量需根据种子的大小和发芽率来确定，每亩的穴数大约为 8000 个。

（五）砧木苗管理

1. 揭膜

播种后的 15—30 天内，应定期每 1—2 天检查种子的发芽情况。一旦发芽率达到 50% 以上，应立即刺破覆盖的地膜以促进通风和炼苗。当发芽率接近 80% 时，应彻底移除地膜。

2. 肥水管理

在移除地膜后，首先进行一次浇水，待水分完全渗透土壤后，立即在每亩的面积上均匀撒施 1—1.5 千克的毒死蜱颗粒，以预防地下和地表害虫。5 月至 7 月是苗木生长的关键时期，此时应结合浇水追加两次速效氮肥，每次每亩需追施 15 千克尿素。进入 8 月后，应停止浇水和施肥。在 11 月底，即封冻前，需浇灌一次封冻水。

3. 中耕锄草

每次浇水和施肥后，应及时进行中耕和除草作业，这有助于疏松表层土壤，减少水分蒸发，并促进苗木的生长。

4. 断根

核桃属于直根性树种，其主根生长强健。在育苗过程中，切断主根可以刺激侧根的生长，从而提高苗木的整体质量，并增加栽植后的存活率。此外，这一做法也有助于苗木的起挖。具体的断根技术如下：当苗木生长至 20 厘米高时，使用一把宽 10 厘米、长 25 厘米的专用断根铲，在距离苗木 20 厘米的位置，以 45° 角斜插入土壤中，以切断主根。断根操作完成后，需要加强肥料和水分的管理，以促进伤口的愈合和侧根的进一步发育。

5. 摘心

在 8 月下旬进行苗木摘心，这有助于促进苗木的加粗生长和充实。

三、嫁接方法

核桃嫁接的成活率普遍偏低，尽管如此，多种嫁接技术已被广泛研究。近年来，芽接育苗技术逐渐成熟并广泛传播，其简便性、经济性和高效性使其成为核桃育苗的主流方法。相比之下，其他嫁接技术在实际生产中的应用则相对有限。

（一）接前管理

在 3 月底核桃萌芽前，将实生苗修剪至 10 厘米高度并进行平茬处理，每亩施用 30 千克尿素后随即浇水。对于平茬后苗木长出的多个萌芽，仅保留一个生长旺盛的作为嫁接用，其余的则需全部去除。对苗圃进行 1—2 次的细致除草，并在嫁接前 3—5 天对砧木进行灌溉。

（二）接穗的采集与保存

接穗应从优良品种的采穗圃或母树上采集，确保无病虫害且生长健壮，最好是当年生的发育枝或果前梢。剪下接穗基部后，立即保留 1.5—2 厘米的叶柄将叶片剪下，并迅速用准备好的湿麻袋包裹严密，以防水分流失。若条件允许，最好即采即用；若需保存，则应将接穗捆绑后，基部朝下竖直放入装有清水的容器中，浸水深度为 10 厘米，并用湿麻袋覆盖上部。将容器置于地窖内，每天更换一次水，地窖口白天覆盖、夜晚打开，以保持适宜的温度和湿度，最多可存放 3 天。

（三）方块形芽接

苗圃露地芽接是目前广泛采用的一种嫁接方法。其特点在于操作简便，工作效率高，成活率高，成本低廉，也适用于枝接未成活的苗木补接，非常适合大规模育苗。在我国北方，核桃的芽接通常在 5 月下旬至 6 月进行。选择接穗时，应挑选树冠外围中上部生长充实的当年生健壮发育枝，芽接方法多采用方块芽接，也可采用“T”形芽接法。

方块芽接法是选取饱满的芽体（注意雄花芽不可使用），在接芽上方 1.5—2 厘米处和下方 2—2.5 厘米处各横切一刀，深达木质部。然后在接芽两侧各纵切一刀，宽度以 1.2—1.5 厘米为宜，取下芽片时务必保留维管束。砧木的单开门处理是在离地面 20 厘米处的光滑部位上下各横切一刀，深达木质部，两刀口间距应与接穗芽片长度相等或略小 0.2 厘米。接着在砧木外侧纵切一刀，用芽接刀在开口一侧将砧木皮挑开，撕去与接穗芽片同样宽度的皮。迅速将接穗上取下的芽片嵌入砧木开口处，确保上下口对齐，注意不要在砧木上来回磨擦芽片，以免损伤形成层。使用 0.0025 厘米厚的塑料条从下而上进行叠压露芽绑缚，绑缚时用力要适度，利用塑料条的弹性绑紧固定。嫁接完成后，在接芽上方保留三片叶子的位置剪砧。

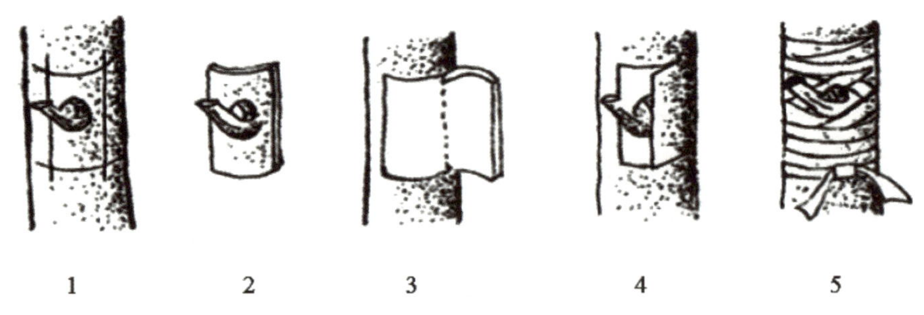

图 2-11 方块形芽接示意图

（1—2. 切取接芽片 3. 砧木去皮割口 4. 接芽嵌入砧木切、口 5. 绑缚）

（四）插皮舌接

插皮舌接是核桃在休眠期进行枝接育苗的主要技术手段，同样也是室内枝接的常用方法。选择一至二年生的健壮实生苗作为砧木，其根颈以上部分直径应在 1—2 厘米之间。起苗后，应在根颈以上 10—15 厘米处进行平滑且顺直的剪断，并去除劈裂或过长的根部。选择与砧木直径相匹配的穗条，将其剪成 12—15 厘米的长度，并保留两个饱满的芽点作为接穗。接下来，将砧木和接穗各自削成 5—8 厘米长的大斜面，并在斜面的 1/3 处用嫁接刀向下直切，深度为 2—3 厘米的切口。然后将砧木和接穗的切口对准并互相插合，确保形成层对齐。当砧木和接穗的粗细不一致时，至少要保证一边的形成层对齐。之后，紧密捆绑并用 90 ℃的蜂蜡液迅速浸蘸以密封接口。蜂蜡液的成分及比例为蜂蜡：凡士林：猪油＝6 ： 1 ： 1。为了控制蜡液的温度并确保砧木和接穗的安全，可以在桶底先倒入 5 厘米深的水，然后将蜂蜡置于水上，通过水浴加热来溶化蜡液。

为了避免砧木和接穗切削后放置时间过长而影响存活率，可以先将砧木和接穗按粗度进行分级，然后配对切削和嫁接。嫁接完成后，应立即进行定植，或者栽种在温室或温床内以促进愈合，之后再移栽至苗圃中。

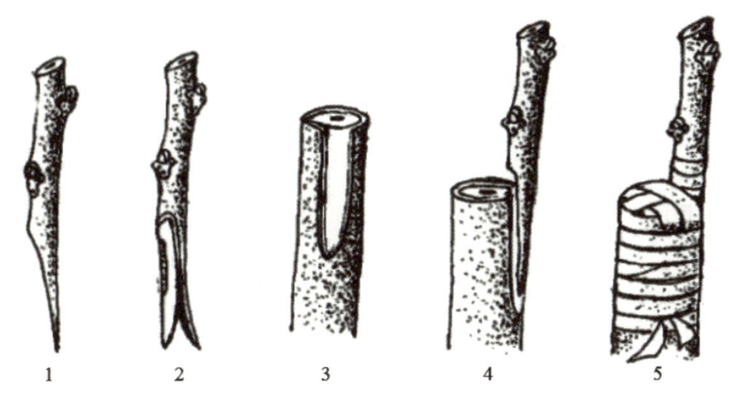

图 2-12 插皮舌接示意

（1. 削接穗 2. 捏开皮层 3. 削砧木 4. 插接穗 5. 绑缚）

四、接后管理

（一）除萌处理

嫁接完成后，应迅速去除砧木上长出的侧芽。

（二）二次剪砧

嫁接后约 15 天，当接芽开始萌发时，在接芽上方 2—3 厘米处进行剪砧。

（三）去除绑扎

当接芽生长至 10 厘米长时，使用锋利的刀片在接芽背面划开塑料条，并剪去接口上方的砧木部分，以促进伤口愈合。

（四）苗木管理

根据土壤湿度情况，通常在接芽长到 15 厘米时，应及时浇水，并每亩施用 15 千克尿素，同时要勤于除草。此外，及时喷洒菊酯类农药以防治食叶害虫。

（五）摘心处理

在 8 月下旬，应对苗木进行摘心，以防止秋季过度生长，促进枝条成熟，提高木质化程度。

（六）病虫害防治

核桃苗嫁接期间，主要虫害包括黄刺蛾和棉铃虫。黄刺蛾会干扰嫁接工作，而棉铃虫则会损害新嫁接的嫩芽。应根据实际情况及时喷洒杀虫剂，如高效氯氰菊酯和功夫等。在生长后期，苗木易感染细菌性黑斑病，因此从 7 月中下旬开始，每隔 15 天需喷施农用链霉素或其他防治细菌性病害的杀菌剂，共需喷施 3—4 次。在 9 月下旬至 10 月上旬，要及时防治浮尘子在枝干上产卵造成的危害。

五、苗木出圃

（一）起苗

嫁接核桃苗由于生长时间短，往往不是很健壮，越冬易发生抽条现象，一般应于 12 月下旬土壤上冻前，将苗子全部挖下假植存放。起苗前应浇一遍水，待墒情适宜时起苗。对于较大的苗木或“抽条”较轻的地区，也可在春季土壤解冻后至萌芽前进行，或随起苗随栽植。核桃起苗方法有人工和机械起苗两种。机械起苗用拖拉机牵引的起苗犁进行。在起苗过程中，根未切断时不要用手硬拔，以防劈裂根系。人工起苗要从苗旁开沟、深挖，防止断很多、伤口大，力求多带侧根和细根。掘出的苗木不能及时运走时必须临时假植。

对少量的苗木也可带土起苗，并包扎好泥团，最大限度减少根系的损伤。此外，要避免在大风或下雨天起苗。

（二）苗木分级、假植

1. 苗木分级

这是确保苗木出圃质量与规格的关键环节，它有助于提升园林建设时的栽植成活率和植物的整齐度。对于核桃苗木而言，分级标准需依据苗木的具体类型来设定。特别是对于核桃嫁接苗，必须确保品种的纯正性和砧木的正确选择。嫁接苗的地上部分应展现出健壮和充实的枝条，具备适宜的高度和粗度，芽体需饱满；根系应发达，拥有众多须根，且断根数量要少。此外，苗木不应携带检疫性病害，无严重病虫害侵扰，无机械损伤，并且嫁接部位的愈合情况良好。基于这些标准，核桃嫁接苗进一步依据嫁接口以上的高度和接口以上 5 厘米处的直径这两个主要指标，被细分为 6 个等级。

特级苗，苗高＞ 1.20 米，直径≥ 1.2 厘米。

一级苗，苗高 0.81—1.20 米，直径≥ 1.0 厘米。

二级苗，苗高 0.61—0.80 米，直径≥ 1.0 厘米。

三级苗，苗高 0.41—0.60 米，直径≥ 0.8 厘米。

四级苗，苗高 0.21—0.40 米，直径≥ 0.8 厘米。

五级苗，苗高＜ 0.21 米，直径≥ 0.7 厘米。

等外苗，其他为等外苗。

2. 苗木假植

当苗木起苗后无法立即运输或种植时，必须采取假植措施。假植可分为短期和长期（越冬）两种类型。短期假植通常不超过 10 天，可以通过挖掘浅沟并用湿润土壤覆盖根系来完成。在干燥条件下，应适时浇水以保持土壤湿润。对于越冬的长期假植，如果条件允许，可以将苗木存放在大棚内，将苗木散开并以 30° —40° 角斜放于地面，用细沙完全覆盖根部，并确保充分浇水。在土壤结冰后，应用草帘覆盖以保温。若条件受限，可在田间挖沟进行假植，沟宽 1.5 米，深 1.2 米，长度视苗木数量而定。将苗木散开摆放，与水平地面形成大约 60° 的夹角，用土壤覆盖至嫁接口上方 20 厘米处，然后浇透水。之后，用草帘或玉米秸秆覆盖，以备春季种植。春季气温回暖时，应及时检查苗木，以防止霉烂发生。

（三）苗木检疫

检疫工作是防止病害、虫害以及杂草通过苗木传播的关键措施。根据中华人民共和国农业部于 2006 年 3 月最新发布的《全国农业植物检疫性有害生物名单》，涉及果树的检疫性生物包括昆虫 10 种，线虫 1 种，真菌 2 种，细菌 2 种，以及病毒 1 种。目前，尚未有特定的病虫害因直接危害核桃而被专门纳入检疫对象。

（四）苗木包装与运输

苗木在运输过程中，应根据品种和等级进行分装。在包装前，建议适当修剪过长的根系和枝条。通常，每 20—50 株苗木应捆扎成一束，并附上标签。为了保持根部湿润，建议将根部蘸上泥浆。包装材料应选择当地易得、成本低廉、轻便且结实耐用的材料，同时需具备吸水性和保湿性，不易迅速发霉或损坏。稻草、蒲包、塑料薄膜等都是适宜的包装材料。将捆扎好的苗木放入湿蒲包中，喷水湿润后，再用塑料薄膜紧密包裹。标签应清楚地挂在包装外部，注明苗木的品种、等级、苗龄、数量以及起苗日期等信息。

苗木的外运工作最好安排在晚秋或早春，此时气温较低，有利于苗木运输。在运输过程中，必须执行严格的检疫措施。对于长途运输，应覆盖遮盖物，并定期喷水以防止苗木干燥、发热和发霉。在严寒季节运输时，需特别注意防冻措施。苗木到达目的地后，应立即进行假植处理。

第四节　核桃标准化栽植建园

核桃园建设是核桃生产中的一项很重要的基础工作，必须全面规划、合理安排。建立一个低成本、高效益的核桃园，要处理好核桃树与生长环境、核桃种植与其他行业之间的关系，并实行科学的栽培技术和管理措施。核桃的生命周期很长，具有喜光、喜温等特性。建园时，应以适地适树和品种区域化为原则，从园地选择、规划设计到苗木定植，都必须严格谨慎，认真对待。

一、选地与整地

（一）选地

核桃园的选址应确保充足的阳光照射，良好的排水条件，且地下水位需低于 2 米，土层厚度至少 1 米，或通过人工改良达到此标准的缓坡丘陵、沟谷、坪台或平原地带。土壤应质地疏松，具备良好的保水和透气性能，pH 值介于 6.2—8.5 之间，适宜为沙壤土至中壤土。以石灰岩为母质发育的土壤最为理想。

（二）整地

鉴于核桃树具有强大的主根和广泛分布的水平根系，它要求土壤深厚、肥沃且含水量充足。因此，无论是山地还是平地种植，都应预先进行土壤改良和施肥以提升肥力。在山地建立果园时，应优先建造梯田，随后进行栽植。如果工程量较大，无法立即完成梯田建设，可以先按等高线进行栽植，修筑地埂，并逐年向梯田过渡。在地形较为复杂的区域，可以先修建鱼鳞坑，逐步扩大树盘，最终形成复式梯田。对于平地上的核桃园，通常只需在划分小区后平整土地，并采取措施防止碱化和积水即可。

1. 沟状整地

在平原地区进行沟状整地作业时，通常会将沟渠的方向设置为南北向，沟渠的宽度一般在 100—150 厘米之间，深度则为 80—100 厘米。挖掘沟渠时，应将底层土壤与表层土壤分开堆放。在回填过程中，应将表层土壤与有机肥料或有机物质混合后填入沟底，而底层土壤则用于覆盖在表层。之后进行灌水、踏实处理，以准备种植。

对于山地的整地作业，应沿着等高线进行，以保持水平状态。沟渠的宽度一般介于 1—2.5 米之间。在条件允许的情况下，沟渠的长度应尽可能长。山地整地的主要形式包括水平沟状（环山水平沟）、水平阶（条状）、水平沟、梯田、反坡梯田、撩壕以及隔坡沟状梯田等。

①田面宽度：一般田面宽以 2—2.5 米为宜。

②整地深度：整地深度为 0.8—1.2 米。

③梯田走向：梯田的走向基本按山坡的自然坡形修筑，并使纵向有 3‰—5‰的比降。

2. 穴状整地

在修复的园地上，依照既定的计划，按照规定的株距和行距，挖掘出深 80—100 厘米、边长相等的栽植坑。

3. 回填

在每个坑穴（或按每株树）中施用 15—50 千克的厩肥，并混合施用 3—4 千克的磷肥。回填土壤时，首先填充混有有机肥或磷肥的表层土，距离地面大约 30 厘米，随后用土壤将坑穴填平。

对于挖定植沟的情况，可以在沟底先铺设 1/4 至 1/3 的作物秸秆，接着进行填土。填满坑穴（或沟渠）后，需要浇水以使土壤沉实。若无灌溉条件，在填土时应边填边压实，以防止栽植后浇水时土壤发生下沉。

开沟填土的作业最好在栽植苗木前一年的雨季之前完成，这样雨季时土壤可以自然沉实，从而获得更佳的效果。

（三）灌溉系统

新栽幼树可采用节水灌溉方式，以小管出流节水灌溉方式为好，每作业区为一个灌区，每株树一个小管。

二、建园

（一）栽植密度

早实品种的种植密度推荐为：3 米 ×4.5 米、3 米 ×5 米、4 米 ×5 米以及 4 米 ×6 米。

晚实品种的种植密度推荐为：4 米 ×5 米、4 米 ×6 米、5 米 ×7 米以及 6 米 ×7 米。

在山地种植时，密度可以适当增加；而在平原种植时，则建议适当减少密度。

（二）品种与苗木

嫁接苗需确保品种纯正无误，嫁接口愈合状况良好，根系保持完整且无脱水迹象，主根长度需超过 20 厘米，从嫁接口起算的苗高应达到 50 厘米以上。此外，枝条应饱满充实，无显著的病虫害问题。建议优先选择 80 厘米以上的优质一级嫁接苗，以确保园艺建设一次成功。

（三）栽植

1. 栽植时间

核桃的栽植可选择在秋季或春季进行。秋季栽植有利于提早萌芽和快速生长，若条件允许，推荐秋季进行栽植。春季栽植则可省略防寒措施，但萌芽时间较晚，且生长势头不如秋季栽植旺盛。秋季栽植应在树叶落尽至土壤结冻前进行，而春季栽植则应在土壤完全解冻后至苗木开始萌芽前进行。

2. 苗木整理

根系修剪：在栽植苗木前，应先对根系进行适当修剪，剪除劈裂或受伤的主根，使其剪口平滑，主根保留长度为 20—25 厘米，同时将过长的侧根剪至 15—20 厘米。

浸泡：对于长途运输或冬季储存的苗木，建议在栽植前用清水浸泡根部 8—12 小时，以补充水分并提高成活率。

分类：为防止苗木品种混淆，栽植前应根据品种规划要求，将苗木按品种分批运至定植穴旁，并用湿土覆盖根部，做好栽植准备。可在每行或品种交界处挂上品种标签。同时，苗木应按等级进行栽植，以便于管理。建议适当预留一些假植苗，以便在苗木死亡或受损后进行及时补植。

3. 栽植

栽植坑的深度通常为25—30厘米。将苗木放入穴内，确保嫁接口朝向主要的有害风向，根系应舒展并均匀向四周分布，避免根系交叉或缠结。苗木应扶正，确保左右对齐，使其整齐排列。随后填土，边填边踏实，并轻轻提拉苗木，以帮助根系向下延伸并与土壤紧密接触。最后将土填平并踏实。栽植深度应与苗木在苗圃时的深度相同，过深会抑制苗木生长，过浅则影响成活率和苗木的生长势头。

4. 浇水

苗木种植完成后应立即进行灌溉，确保首次浇水充分渗透土壤。待水分完全渗入后，覆盖一层松散的土壤。对于秋季种植的苗木，应采取越冬防寒措施；而春季种植的苗木，在灌溉条件良好的情况下，需要连续浇水2—3次。第二次浇水应在种植后的第五至第七天进行，第三次则在第二次浇水后的第七至第十天进行。若遇到连续阴雨天气，可以适当减少浇水次数或延后浇水时间。在水资源较为匮乏的地区，首次浇水并覆盖散土后，建议采用地膜覆盖技术（覆盖方法：待水分渗入土壤后，使用1平方米大小的地膜，在中央挖一个孔，然后将其铺设在定植苗木的四周，并确保四周及中央的土壤覆盖严密）。这样做可以提高地温，减少土壤水分的蒸发，有助于苗木的存活，并缩短其适应新环境的时间。

（四）栽后管理

为了提高栽植成活率，确保幼树健壮生长，必须加强幼树的栽后管理。

1. 成活情况检查及补植

春季萌芽展叶后，及时检查成活情况，对未成活的及时补栽。

2. 幼树定干

对达到定干高度要求的幼树，于萌芽后及时定干（详见整形修剪部分）。

3. 抹芽

主要是抹除砧木上萌芽。

4. 防虫

主要防金龟子、刺蛾和大青叶蝉等虫害。

5. 防寒

核桃幼树的枝条髓心较大，含有丰富的水分，但其抗寒性较弱。在北方较为寒冷的地区，幼树容易遭受冻害，导致枝条干枯。因此，在定植后的1—2年内，必须根据当地的实际情况，采取相应的幼树防寒和防抽条措施。防寒措施主要有两种：一是埋土防寒，二是套袋装土防寒。

（1）埋土防寒

在秋季栽植苗木、浇水并覆土后，待土壤结冻前，在栽植的树盘内堆起一个锥形土堆，高度应超过苗木顶端约10厘米。对于较小的苗木，可以直接堆土防寒；对于较高的苗木，可以将其向一侧倾斜后埋土防寒；对于顶部新梢尚未充分成熟的苗木，可以保留3—5个“明芽”进行短截（通常保留地上部分20—30厘米），然后再进行埋土防寒。对于高度低于50厘米的嫁接苗，可以在嫁接口上方5厘米处统一截干，统一埋土。待第二年土壤解冻后，再扒开土堆。

（2）套袋装土防寒

使用细长的编织袋套在苗木周围，并在袋内填满土。待第二年土壤解冻后，再将编织袋去除。

第五节　核桃土肥水管理

核桃树每年的生长和结实依赖于从土壤中吸收大量的营养元素。在幼树阶段，由于生长迅速旺盛，必须确保充足的养分供应。若养分供应不足，可能会导致营养失衡，从而削弱树木的生长发育，形成弱树和“小老树”。通过科学的施肥和灌溉，可以有效促进核桃树的根系和树体发育，有利于花芽的分化，并通过修剪来调节生长与结果的关系。

一、土壤管理技术

土壤管理是核桃园管理中的重要环节。良好的土壤管理不仅是核桃安全生产的基础，也是保护环境和实现可持续发展的关键。

（一）间作

合理的间作不仅能提高核桃园的早期收益，而且通过间作植物的施肥、浇水、除草等管理措施，还能促进核桃幼树的生长。

在核桃园进行间作时，必须选择矮杆作物，例如花生、大豆、红薯、矮杆药材等。同时，间作物与核桃树之间应保持适当的距离。在核桃树栽植的第一年和第二年，树盘（畦）的直径（宽度）不应小于 1 米。随着树冠的扩大，间作的年限应相应调整，密植园（行距 5 米以下）一般间作 3—4 年，而稀植园可以间作 4—6 年。在栽植的前两年，即便种植的是矮杆作物，在生长旺盛季节，如大豆、红薯等也可能会影响核桃幼树的生长，因此应及时将伸入树盘的间作物翻到行间。

（二）修树盘

目的：旱地核桃树通常生长在山区或丘陵坡脚、沟谷地，这些地方平时干旱缺水，而在强降雨时，由于坡降明显，雨水容易形成径流而流失，只有少量雨水能渗透到土壤中。因此，在雨季前修整树盘的主要目的是尽量减少径流，蓄集雨水，以提高树下土壤的水分含量。

树盘样式：在坡地可采用开放式树盘或雁翅形整地，在平地则修建成畦或圆形树盘，以树为中心进行修建。

平地：修建成畦或圆形树盘，大小依据地势和树冠的大小而定。对于一至二年生的树，畦的宽度或树盘直径应至少为 1 米，而多年生树的树盘直径一般应大于或等于树冠的投影面积。在坡度过大的地方，树盘直径可以略小，但不得小于树冠直径的 2/3。

坡地：修成开放式半圆形或土畦形树盘，坡下封口，坡上开口，坡下部埂的高度略高于上部埂。上部开口的大小根据坡度而定，一般为 1/3—1/2，并将开口的左右地埂分别向左斜上侧和右斜上侧修一段，以便引导地表径流进入树盘。为了防止因入树盘的水量过多而冲毁地埂，在开放式树盘的上口处应修建排水口，将多余的水排出。

（三）扩穴

适宜在山地土层较薄的地方栽植时，对于幼龄核桃，应在整地穴（沟）边缘或树冠投影下向外挖深 60 厘米，宽 40—60 厘米的半环沟（穴状整地园）或直沟（沟状整地园），将沟内的碎石和生土挖出，回填混合有机肥的表土，然后灌水沉实。在幼树期间应连续扩穴，直至整园翻完。注意，在扩穴时应避免伤及直径 1 厘米以上的大根。扩穴作业宜早不宜迟，因为扩穴过晚，幼树根系伸展较远，会增加伤及大根的风险。

扩穴应每年在树的一侧进行，以减少根系的损伤。扩穴的时间应在 9—10 月进行。

（四）深翻

深翻可以增加土壤的透气性，熟化土壤，提高土壤的保水保肥能力，促进土壤微生物的活动，有利于土壤有机质和难溶矿质元素的转化，从而培肥地力。深翻过程中，断根的伤口可以产生大量新根，促进根系的更新，扩大吸收根的分布范围。深翻还可以杀死部分越冬害虫，如举肢蛾等。

核桃深翻应在核桃采收后至落叶前进行，最好在 10 月下旬以前完成，翻土深度为 20—30 厘米，为了减少伤根，每年应隔行进行。

（五）土壤耕作制度

1. 清耕与覆盖

对于那些旱地或灌溉不便的核桃园，建议采用清耕或清耕加覆盖的管理方式。特别是在雨季来临之前，清耕能够有效防止杂草与树木争夺水分。进入 6 月份，随着地温的升高，覆盖措施变得尤为重要，它有助于减少土壤水分的蒸发。此外，当覆盖物在雨季高温期间腐烂后，可以在秋季结合深翻作业将其压入地下，这样不仅能够改善土壤结构，还能提高土壤的有机质含量。

2. 生草

对于水浇地的核桃园，推荐在行间实施生草措施。可以在行间种植紫花苜蓿等豆科植物，或者利用自然生长的杂草。生草应当在行间进行，确保距离树干至少 1 米以外的地方，树下则应保持清耕或覆盖。行间生草每年需要刈割 2—3 次，并将割下的草覆盖在树下，以促进土壤养分的循环利用。

二、施肥

（一）核桃缺素的表现

当核桃树展现出以下症状时，表明它可能缺乏某种必需元素。

1. 缺氮

氮是构成氨基酸、蛋白质、叶绿素以及其他组织的基本元素。当氮素不足时，通常表现为生长初期叶片颜色浅或发黄，叶片稀疏且较小，常会提前落叶，新梢生长缓慢，严重时甚至会导致树顶小枝条的死亡。

2. 缺磷

缺磷通常会导致树体整体衰弱，叶片稀疏，叶片比正常情况下略小，出现不规则的黄化和坏死现象，并且叶片会提前脱落。

3. 缺钾

缺钾的症状通常在初夏至仲夏期间显现，主要影响枝条中部的叶片。叶片起初会变成灰白色（类似缺氮症状），随后叶片边缘会呈现波浪状内卷，背面颜色变淡灰色，叶片和新梢的生长量减少，坚果的大小也会小于正常水平。

4. 缺钙

缺钙时，首先在地上的部分表现出来，叶片会变小、扭曲变形，并且经常出现斑点或坏死现象，严重时枝条会枯死。在薄壳品种或产量较高的果园中，种壳发育不全和坚果变形的情况尤为明显，特别是在硬核期多雨的年份，症状会更加严重。

5. 缺锰

核桃树缺锰时，叶片会表现出一种特殊的失绿现象，失绿从主脉向叶缘发展，退绿部分的叶脉呈肋骨状，而梢顶的叶片仍然保持绿色。严重时，叶片会变小，产量降低。

6. 缺铁

由于铁在植物体内不易移动，缺铁的症状首先出现在新梢顶部的幼叶上。幼叶的叶肉会呈现黄绿色，严重时叶片会变得小而薄，颜色变为黄白或白色，再严重时叶片会呈现烧焦状并最终脱落。苗木在低洼积水的地方表现得尤为明显。

（二）施肥量、施肥方法与时期

1. 基肥

（1）施肥种类

主要采用迟效性的有机肥料，涵盖经过发酵处理的人粪尿、厩肥、堆肥、鸡粪、绿肥等。目前，牛粪、猪粪和鸡粪是较为普遍施用的有机肥料。无论选择哪种粪肥，都应确保使用的是经过充分腐熟的肥料。

（2）施肥方法

推荐采用沟施或环状施肥法，沟槽深度应达到 60 厘米，宽度则根据施肥量而定，通常在 40—60 厘米之间。首先将有机肥料与表层土壤混合均匀，然后施入沟槽底部 40 厘米处，最后将沟槽填平。

开沟的位置应根据树木的冠幅来确定，一般在距离树干树冠半径的 3/4 处向外挖掘。为了减少对根系的损伤，建议每年在树的一侧进行施肥，次年则在另一侧施肥，如此交替进行，逐年向外扩展，直至覆盖整个行间，之后再从内向外重新开始。

表 2-1 有机肥有效成分含量

有机肥种类	氮（%）	磷（%）	钾（%）	状态
猪厩肥	0.45	0.19	0.60	腐熟后
牛厩肥	0.45	0.23	0.50	腐熟后
羊厩肥	0.83	0.23	0.67	腐熟后
鸡　粪	1.63	1.54	0.85	鲜物
苜　蓿	0.56	0.18	0.31	鲜物
紫穗槐	1.32	0.30	0.30	鲜物
毛叶苕子	0.67	0.20	0.78	鲜物

（3）基肥施肥量

随着树木年龄的增长，施肥量也应相应增加。通常，在结果前，幼树的施肥量为 5—15 千克 / 株。一旦树木进入结果期，施肥量应提升至 20—50 千克 / 株。在盛果期，施肥量进一步增加至 50—100 千克 / 株。若以产量为基准，以核桃干果计算，每 10 千克干果需施用 1 千克厩肥。

（4）施肥时期

基肥的施用时机至关重要，最好在果实采收后至落叶前尽早进行，理想时间是从 9 月中旬至 10 月下旬。这是因为此时核桃的根系正处于第二次生长高峰期，此时施肥可促进根部快速愈合并刺激新根生长，从而有利于营养物质的吸收。至于绿肥的施用，则应在 6—7 月直接压入土壤中。施肥时，开沟方法与施基肥相同，为了加速绿肥的分解，应与部分速效氮肥混合施用。在开沟施绿肥时，应尽量避免损伤根系，尤其是较粗的根，因为此时正值树木各器官生长旺盛期，水分和养分需求量大，过度损伤根系可能会对树木和果实的发育产生不利影响。如果每年都能按照规定量充足地施用有机肥，以每 5 千克干果施入 50 千克腐熟牛厩肥计算，相当于施入了 225 克纯氮、115 克纯磷和 250 克纯钾。以氮肥为例，这大约相当于我国目前通用施肥标准氮肥量的 1/3 至 1/2。

2. 追肥

追肥主要是根据树木一年内的生长需求，补充一些速效肥料，如磷酸二铵、尿素、氯化钾等。对于结果前的幼树，一般每年施肥两次；而一旦树木进入结果期，则每年追肥三次。

表 2-2 核桃树追肥参考量

	树龄（年）	平均株施肥量（按有效成份）（g）		
		氮	磷	钾
早实类型	1—2	50	20	20
	3	70	30	30
	4	200	100	100
	5	400	200	250
	6	800	400	500
	＞7	1000	600	600
晚实类型	1—3	50	20	20
	4—6	100	40	40
	7—10	200	100	100
	11—15	500	300	300
	16—20	800	500	500
	＞21	1000	600	600

追肥时期与施肥量如下。

第一次追肥应在核桃萌芽前进行（大约在 3 月下旬至 4 月初），此时追肥量应占全年施肥总量的 30%—40%，主要使用速效氮肥和磷肥，其氮磷比例推荐为 1 ∶ 0.6。此次追肥旨在补充树木储存的营养，确保树木正常萌芽、开花以及新梢的健康生长。

第二次追肥安排在核桃开花后的 5 月上旬，此时施用氮、磷、钾三种元素，施肥量同样占全年总量的 30%—40%，三种元素的比例建议为 N ∶ P ∶ K ＝ 1 ∶ 0.6 ∶ 0.9。第二次追肥的目的在于促进果实体积的增长、新梢的健壮生长以及雌花的分化。

第三次追肥则在硬核后期（大约 7 月上旬）进行，同样施用氮、磷、钾三种元素，施肥量占全年总量的20%—30%，比例维持在N：P：K＝1：0.6：0.9。此时核桃种仁开始发育，追肥的目的是为核仁的发育提供必要的营养。

施肥方法如下。

推荐采用穴状施肥法，穴深应为25—30厘米，根据树冠的大小，每株树下应开4—15个施肥穴。

对于保水保肥能力较好的土壤，为了减少劳动力，可以将季节性施肥改为全年一次性施肥。即在秋季一次性施入全年的肥料，但必须采用开沟施肥或混土施肥的方式，避免直接在地面上撒施肥料。

3. 叶面喷肥

适宜使用的肥料种类及其浓度如下：尿素浓度为0.3%—0.5%；磷酸二氢钾浓度为0.3%—0.5%；氯化钙或硝酸钙浓度为0.5%—1.0%；硫酸锰浓度为0.1%；硫酸亚铁浓度为0.5%—1.0%；硫酸锌在萌芽前使用浓度为5%，萌芽后则降至0.3%。

施肥时期建议：尿素主要适用于生长季节的早期，可与农药喷洒相结合。磷酸二氢钾适合在全生长季节喷施，特别是在幼树的生长后期（7—10月），有助于枝条充实和增强抗冻能力；对于结果树而言，生长中后期（7—8月）喷施磷酸二氢钾能提升种仁的饱满度。

钙肥的施用时间应在6月初至6月下旬，即坚果壳形成的关键时期。在核桃硬核期喷施钙肥，能够促进种壳的发育，尤其在阴雨天气较多的年份或那些经常出现种壳发育不良的果园中，这一措施尤为重要。

除了上述三种肥料外，还应根据树木的具体营养状况，适时喷施铁、锌、硼、锰等微量元素肥料。

水是植物生理活动不可或缺的元素。若水分供应不足，植物将面临多种生理障碍。例如，长期缺水会导致枝条生长受阻，新梢生长减慢，甚至提前停止生长。在幼果发育期，缺水会影响果实的正常膨大，导致坚果体积明显减小。而在种仁发育期，水分不足则会降低种仁的饱满度。

通常情况下，年降水量达到600毫米以上且分布均匀，基本能满足核桃树生长发育的需求。然而，在华北地区，春旱频发，特别是在5月和6月，高温少雨的天气状况尤为突出。这一时期正值核桃树的快速生长期和果实发育期，对水分的需求量大，因此需要通过灌溉来补充水分。

灌溉的时机、频率和量应根据当时的气候条件、土壤干旱程度以及核桃树的生长发育状况来决定。在河北省，一般会在三个时期进行灌溉：

第一个时期是萌芽前水，时间大约在3月中旬至4月上旬。这一时期，核桃的物候期变化迅速而短暂，在不到一个月的时间里完成萌芽、抽枝、展叶、开花等复杂的生理过程。而此时，我国北方正处于春旱季节。若缺水，将严重影响核桃树的正常生长。

第二个时期是5月至7月，这是幼果迅速膨大期，体积增长量占全年的80%以上；新梢的快速生长期，占全年生长量的90%以上（特别是在盛果期的树木）；雌花的分化期，从生理分化到形态分化均在此时期进行。而这一时期，北方也正处于干旱期，因此需要根据旱情进行1—2次灌溉。

第三个时期是秋季施肥和冬前水，时间在9月下旬至10月下旬。此时结合施入有机肥进行灌溉，不仅有利于土壤墒情，也有助于有机肥的分解和利用，增加树体越冬贮藏物质的积累，从而提高树体的越冬抗冻能力。

三、排水

核桃树对地表积水和地下水位的上升极为敏感。渍涝或地下水位的升高都容易导致根部缺氧，进而影响其正常的呼吸和生长。若积水持续时间过长，会导致叶片萎蔫并转黄，严重时甚至会导致整棵树的死亡。在我国，大多数核桃种植区位于山区或丘陵地带，这些区域通常具有良好的自然排水条件。然而，对于那些容易积水和地下水位较高的平地果园，在建立果园之前，应构建台田、排水沟以及其他排水设施，以确保及时排除积水。

第六节　核桃树整形修剪

整形修剪在核桃栽培管理中扮演着至关重要的角色。恰当的整形修剪有助于构建理想的树体结构，确保主干稳固，枝条分布得当，同时调节生长与结果的平衡，实现产量高、品质优、稳定性强、树势健壮和寿命延长的目标。

一、修剪时期

核桃树的修剪传统上分为秋季、春季和夏季三个时期。秋季修剪通常在果实收获后至树木落叶前进行，大约在 10 月份；春季修剪则在核桃树发芽前后，即 3 月中下旬至 4 月上旬；秋季修剪和春季修剪替代了传统意义上的冬季修剪。夏季修剪则可以在整个生长季节进行。

核桃在休眠期修剪时会遭受伤流，这与其他果树有所不同。为了避免营养流失，长期以来，核桃树的修剪多选择在春季萌芽后（春剪）和采收后至落叶前（秋剪）。经过多年的冬季修剪试验和示范，我们发现核桃冬季修剪不仅不会对生长和结果产生负面影响，反而在新梢生长量、座果率、树体主要营养水平等方面均优于春、秋修剪。试验表明，休眠期修剪主要导致水分和少量矿质营养的流失。而秋季修剪会损失光合作用和叶片营养尚未回流的部分，春季修剪则会损失呼吸消耗和新器官形成的营养。相比之下，春季修剪的营养损失最为严重，秋季次之，休眠期修剪的损失最小。

通常，核桃树修剪有三个最佳时机：首先是核桃采果后，树叶由绿转黄至落叶前（10 月中旬至 11 月上旬），此时无伤流，也不会造成营养损失；其次是大冻后（1 月份），此时昼夜温差小，伤流较少；第三是发芽前一个月（3 月上旬至 4 月初），此时距离发芽时间短，伤流也较少。

二、幼树整形

核桃幼树阶段从苗木定植开始，直至结果初期，早实核桃为 3—4 年，晚实核桃则为 6—7 年。幼树的整形修剪工作至关重要，是实现优质、高产、高效栽培的关键技术措施之一。正确的整形修剪有助于形成良好的树体结构和高产的树形，调整生长与结果的关系，满足早果、丰产、高效的栽培要求。

（一）培养树干

根据核桃品种的生长发育特性、立地条件、栽培方式和目的，应培养出不同的树干形态。定干高度一般在 0.8—1.5 米之间。在山坡地等立地条件较差的地方，定干高度通常为 0.8—1.2 米；而在平原等立地条件较好的地方，定干高度则为 1.2—1.5 米。

除了那些苗高达到 1.5 米以上且生长健壮的苗木外，对于一般苗木，栽植后当年萌芽时，在苗木的中下部选择健壮且萌芽早的芽进行保留，并在芽上进行短截以培养树干。如果直立枝在当年夏季 7 月底前长到超过定干高度 20 厘米以上，则应进行短截定干。对于长势较弱的定植幼树，则需等到栽植后的第二年春季萌芽时再进行定干。

（二）培养树形

理想的树形结构应确保树体均衡，充分利用空间，最大化光能吸收，促进果实大量产出，并具备足够的承载力。核桃树的结构主要分为两种类型，其培育过程如下所述：

1. 疏散分层形

此类型以中央领导干为核心，于其上选择保留 6—7 个主枝，这些主枝分层或螺旋状排列。分层配置时，第一层在不同方向保留 3 个主枝，第二层保留 2—3 个主枝，第三层保留 1—2 个主枝，并进行落头开心处理。早实核桃的层间距应为 60—80 厘米，枝间距为 20—30 厘米；晚实核桃的层间距则为 80—150 厘米，枝间距约 40 厘米。通常 4—6 年即可形成良好的树冠骨架。

以早实品种为例，整形方法如下。

定干：当达到预定高度后，在健壮芽处进行定干。萌芽后选择一个直立向上的枝条作为中心干，并挑选 3—4 个位置良好的枝条作为骨干枝。地面上 50 厘米以下的萌芽应全部抹除，其余的在不影响骨干枝生长的前提下保留，并在秋季进行拉平处理。

定干后的第二年：萌芽后至展叶期，将中心干延长枝剪留至 70—80 厘米，第一层骨干枝延长枝剪留至2/3，并在生长季节后期将其拉成75°角。萌芽后，从中心干延长枝上选择一个直立向上的枝条继续培养为中心干，选择2—3个位置良好的枝条作为第二层骨干枝，其余的进行拉平处理。

定干后的第三年：萌芽前，将中心干延长枝剪留至60—80厘米，并在上一年中心干上长出的新梢中选择2—3个位置和长势适中的枝条作为第二层骨干枝，将延长枝剪留至2/3。生长季节后期，将第二层骨干枝拉成75°—80°角。第一层骨干枝延长枝不进行短截。

定干后的第四年：萌芽前，在上一年中心干上长出的新梢中选择2个位置和长势适中的枝条作为第三层骨干枝，并将第三层骨干枝上方的中心干延长枝从基部疏除。生长季节后期，将第三层骨干枝拉成约80°角，其他枝条进行拉平处理。

至此，幼树的树形骨架基本形成。在整形过程中，树冠内各部位萌生的骨干枝延长枝以外的新梢，过密的应疏除，其余的通过拉枝或摘心等方法控制其生长高度，改造成结果枝组；两侧、背斜侧或其他不妨碍树形的枝条应尽可能保留，并通过刻芽的方法促进短枝的生长，以增加幼树期的产量。

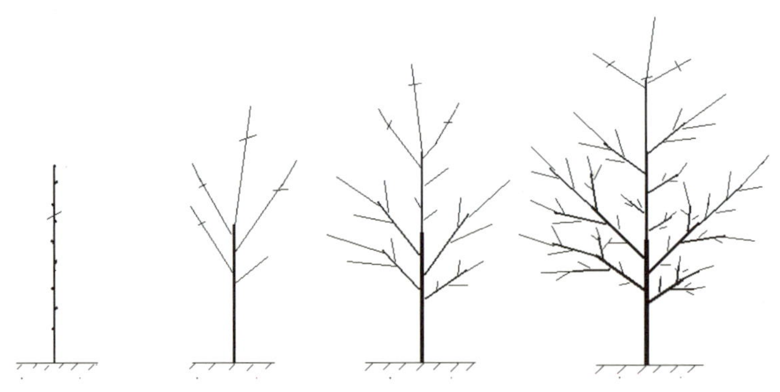

图2-13 核桃疏散分层形整形示意图

2. 纺锤形

在中央领导干上选择保留7—9个骨干枝，呈螺旋状配置。骨干枝之间的距离应保持在30—40厘米，最终进行落头开心处理。整形完成后，树高约为4.5米，中心干高约3.5米，骨干枝的开张角度应为90°。通常情况下，4至6

年即可形成良好的树冠骨架。纺锤形树形适合结果较晚、早期产量较低的品种。

这种整形方法简单而实用，适合早实密植建园，能够实现早产早丰，是目前推荐的一种树形。

定干过程如下。

由于核桃具有较强的顶端优势，通常采用短截定干的方法。当幼树生长达到定干高度后，在健壮芽处进行定干。萌芽后，将距地面 70 厘米以下的所有枝条抹除，选择顶梢来培养中心干。每隔大约 30 厘米保留一个枝条作为骨干枝，去除过于密集的枝条，保留有空间的枝条，并通过拿枝方法使其平展。

定干后的第二年（如果树的生长量较小，可以延后一年）：在萌芽前，将中心干延长枝保留约 2/3 并进行短截。选择作为骨干枝的枝条长度不超过 100 厘米，让其自由生长，生长季节后期将其拉平，超过 100 厘米的枝条也应全部拉平。中心干延长枝萌芽后，选择一个直立向上的枝条继续培养中心干，再选择 2—3 个枝条培养骨干枝，其余的枝条可以去除，或者通过拿枝方法使其平展。

定干后的第三年：在萌芽前，将中心干延长枝保留约 2/3 并进行短截。选择作为骨干枝的枝条长度不超过 100 厘米，让其自由生长，生长季节后期将其拉平，超过 100 厘米的枝条也应全部拉平。中心干延长枝萌芽后，选择一个直立向上的枝条继续延长生长，其余的枝条可以去除，或者通过拿枝方法使其平展。

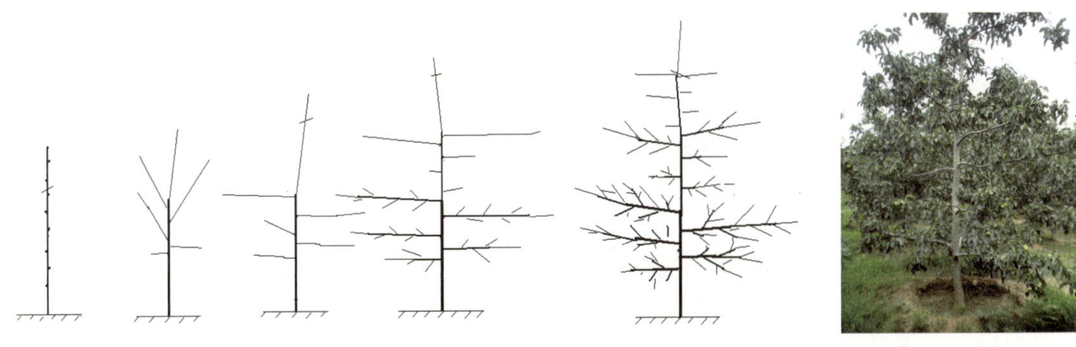

图 2-14 纺锤形整形示意图

图 2-15 纺锤形

3. 开心形

在没有中央领导干的情况下，应在主干上部的整形带内选择保留 3—4 个不同方位的主枝，随后进行落头开心处理。主枝的选留可以在一年内完成，也可以分两年进行，主枝之间的间距应保持在 15—20 厘米。通常需要 2—3 年时间，在主枝上开始选留 1—2 个侧枝，第一个侧枝与主干的距离大约为 80 厘米。树体成形后，树高一般维持在 3.5—4 米，骨干枝的开张角度为 65—70 度，一般需要 3—5 年时间完成整形。这种树形特别适合那些顶端优势不明显或无法培养中心干的品种。

树形培养过程如下。

定干阶段：当苗木达到定干高度时，在健壮芽处进行定干。萌芽后，去除向上直立生长的中心干枝延长枝，并选择 3—4 个具有适当开张角度的新梢来培养骨干枝。如果当年未能选够骨干枝，中心干延长枝不能疏除，而应进行重短截以促发新梢，以便来年继续选留骨干枝。

定干后的第二年：在萌芽前，对于上年选留的各骨干枝，若长度超过 100 厘米，则剪留 2/3；若低于 100 厘米，则缓放延长生长，延后短截。对于上年未能选够的骨干枝，在新发的枝条中再培养 1—2 个骨干枝。萌芽后，在每个骨干枝上选择 2—3 个位置良好的新梢，分别培养各骨干枝的延长枝和二级骨干枝。秋季（10 月份），将选留的骨干枝拉成大约 70° 的角，其余枝条则拉平。

定干后的第三年：在萌芽前，对上年选留的各级骨干枝延长枝剪留 2/3（二级骨干枝延长枝也进行短截）；萌芽后，在每个骨干枝延长枝上选择 2 个位置良好的新梢，继续培养各骨干枝的延长枝和下一层二级骨干枝。

在整形过程中，树冠内各部位萌生的骨干枝延长枝以外的新梢，如果是直立的或干扰树形的，应疏除或拿平；而两侧或其他不干扰树形的枝条应尽可能保留，并通过刻芽的方法促生短枝，以增加幼树期的结果量。

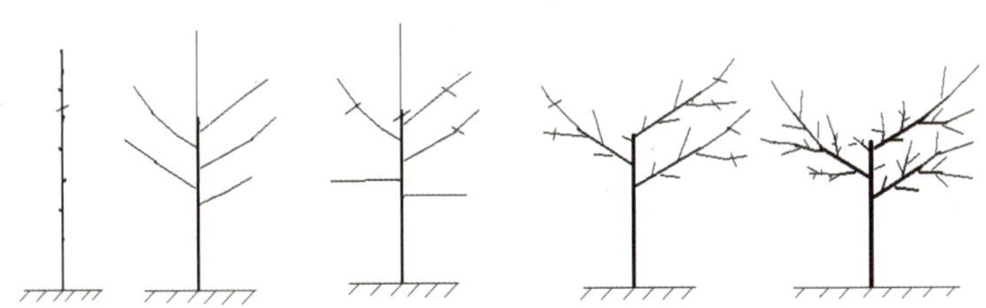

图 2-16 开心形整形示意图

图 2-17 开心形

三、修剪技术

修剪是在树木整形的基础上，进一步培养树冠骨架和优化冠形，有效控制主枝和各级侧枝在树冠内的合理分布，以创造良好的通风和透光条件。

（一）秋季和春季修剪

在初期整形的基础上，修剪工作量相对较小，主要进行局部调整，具体如下。

1. 疏枝

疏枝是指从基部移除枝条。疏除的对象通常包括雄花枝、病虫害枝、干枯枝、无用的徒长枝、过密的交叉枝和重叠枝等。雄花枝过多会消耗大量营养，导致树体衰弱，因此在修剪时应适当疏除，以节省营养并增强树势。核桃枝条髓心较大，组织疏松，容易枯死。枯死枝不仅自身无生产价值，还可能成为病虫害的滋生地，应立即剪除。当树冠内部枝条过于密集时，应遵循去弱留强的原则，及时疏除过密的枝条，以改善通风和透光。疏枝时，应紧贴枝条基部剪除，切勿留下残桩，以促进剪口愈合。

早实核桃品种的幼树期树势旺盛，枝条健壮，二次枝也较多，容易出现枝条密挤现象，因此也是疏剪的主要对象。进入结果盛期后，特别是连续丰产后，树势变弱，难以形成中长枝，短枝增多，尤其是难以形成有效芽的衰弱短枝大量出现，“鸡爪枝”增多。此时应及时疏除过弱的短枝和短枝群，每亩保留枝量在 1.5 万—1.8 万个之间。

2. 短截

短截是指剪去一年生枝条的一部分。在生长季节摘除新梢顶端的幼嫩部分，称为摘心，也称为生长季短截。在核桃幼树（尤其是晚实核桃）上，常用短截发育枝的方法来增加枝量。对于背斜侧、两侧有生长空间的健壮生长枝、徒长枝，可以进行短截以逐步改造固定的结果枝组。对于连续多年结果的大树，特别是树势较弱的，背上健壮的枝条也可以进行连续短截改造利用。

3. 缓放

缓放即不进行修剪，也称为长放，其作用是缓和枝条的生长势，增加中短枝的数量，有利于营养物质的积累，促进幼旺树结果。除了背上直立旺枝不宜缓放（可拉平后缓放）外，其他枝条缓放效果均较好。较粗壮且水平伸展的枝条长放，前后均易萌发长势近似的小枝。弱枝不短截，下一年生长一段后，很容易形成花芽。

4. 回缩

对多年生枝进行剪截称为回缩或缩剪。回缩的作用因回缩部位的不同而有所差异。一是复壮作用，二是抑制作用。核桃进入盛果期后，骨干枝和较大的结果枝组可能出现后部光秃或衰弱的现象，因此需要通过修剪进行适当的回缩更新。早实核桃品种进入结果期后，树势更容易变弱，首先应对连续多年结果变弱的小枝组进行适当回缩，再弱的对较大枝组，直至骨干枝进行缩剪。骨干枝回缩的强度应根据树势而定，在回缩大枝的同时，对后部的枝组也要进行相应的回缩。

（二）夏剪

夏季修剪在核桃栽培中扮演着至关重要的角色，尤其对于那些成花困难、结果较晚以及初期产量较低的品种而言。恰当的夏季修剪措施能够显著地促进早期结果并提升幼树期的产量。夏季修剪主要包括以下几项内容：

1. 摘心

摘心是指在生长季节摘除新梢上的嫩枝部分。其主要目的有三个：促进分枝、促进成花以及促进枝条成熟。根据不同的目的，摘心的方法也有所区别。若目标是促进分枝，应在新梢生长至50—60厘米时进行重摘心，剪至成龄叶片处；若目标是促进成花，则应在新梢生长至60—70厘米时进行轻摘心，仅摘除新梢的顶端幼嫩部分，并在二次枝长至3—4节时再次摘除1—2节，重复此过程2—3次，可有效促进当年新梢侧芽成花；若目标是促进枝条成熟，则应在8月底之前进行轻摘心，仅摘除未停止生长的新梢顶端部分。

2. 拉枝

通过改变枝条的生长角度，可以有效缓和树势，促进侧芽萌发、短枝形成以及花芽分化，从而达到提早结果和提高早期产量的效果。拉枝可以在整个生长季节进行，但最佳效果通常出现在7月份之前。多年生枝条的拉枝可以通过绳索牵引和支撑的方法实现，或者在5—7月份采用反复软化开张角度的方法；当年新梢则在6月份采用拿枝的方法效果显著。

3. 刻芽

刻芽是在需要出枝的芽上方进行月牙形伤口切割，也称为“目伤”。合理的刻芽操作可以有效促进侧芽萌发，增加枝量。刻芽伤口的宽度应控制在1—1.5毫米之间。

4. 疏枝

疏枝主要是去除过于密集的二次枝以及位置不当的枝条，包括背上枝、并生枝、交叉枝、下垂枝、病虫枝等。疏枝可以在整个生长季节的任何时间进行。

四、早实核桃品种的整形修剪

（一）整形

早实核桃品种因其侧花芽结果能力较强，侧芽萌发率高，但成枝率较低，通常采用无主干的自然开心形整形方式。然而，在稀植条件下，也可将其培养成具有主干的疏散分层形或自然圆头形树形。

（二）修剪

早实核桃品种分枝繁多，常出现二次枝，生长迅速，成形早且结果量大，但易导致树木早衰。在幼年期，树体健壮时，枝条直立且数量众多，容易造成树冠杂乱无章。而当树木衰弱时，枝条易干枯死亡。因此，在修剪过程中，除了要培养好主枝和侧枝，保持树形的完整性外，还应适当控制二次枝的生长，利用其结果，并疏除过于密集的枝条，妥善处理树冠下方的枝条。

五、晚实核桃品种的整形修剪

（一）整形

晚实核桃由于其侧花芽结果能力较弱，侧芽萌发率低，且成枝力强，通常采用具有主干的疏散分层形或自然圆头形，层间距比早实核桃更大，一般为 1.5—2 米。然而，在一些立地条件较差的地区，也可以将其培养成无主干的自然开心形。

（二）修剪

晚实核桃品种的修剪工作比早实品种更为重要。晚实品种通常缺乏二次枝生长，若条件良好，一年生枝条可生长至 2 米以上，条件不佳时则仅能达到 50 厘米。为了培养出良好的树形，在修剪过程中通常会采用较多的短截手法，以促进分枝。当冠内枝条密度达到一定程度时，中、长枝条可以适当缓放。在初期，主要通过短截来扩大树冠，主侧枝需要保留外芽和壮芽进行短截，辅养枝和结果枝组也可以通过短截带头枝来促进分枝，以迅速使树体枝繁叶茂。进入结果盛期后，修剪程度与早实核桃相似。老树的更新方法与早实核桃基本相同，差别不大。

第七节　核桃病虫害及防治

在我国，核桃遭受的病虫害种类繁多，目前已记录的害虫超过 120 种，病害也有 30 余种。根据主要受害部位，这些病虫害可以分为叶部、枝干、果实和根部病虫害。由于不同核桃产区的生态条件和管理水平存在差异，病虫害的种类、分布和危害程度也各不相同。在华北地区，对核桃树造成严重危害的病虫害包括核桃举肢蛾、云斑天牛、多种刺蛾、核桃小吉丁虫、核桃细菌性黑斑病、核桃炭疽病、核桃褐斑病和核桃枝枯病等。传统上，防治这些病虫害多依赖于毒性高、残留期长的化学农药，这导致了许多不良后果。近年来，各地在确保产地环境安全的同时，更加重视产品的食用安全，遵循科学的防治原则和方法。

一、核桃主要虫害

（一）核桃举肢蛾

分布于河北、河南、山西、陕西、甘肃、四川等地区，特别是在河北的老核桃产区，尤其是在山区，这种害虫被俗称为核桃黑。该害虫对果实造成严重危害，幼虫侵入果实后，在表皮内纵横穿梭，造成损害。虫道内充满了虫粪，受害部位的果皮会变黑，并逐渐凹陷，皱缩，形成所谓的黑果。早期侵入的幼虫会进一步侵入种仁，导致核桃仁干瘪。有些受害的果实会变黑干缩，留在枝头而不脱落。

在河北，该害虫每年发生 1—2 代，其危害果实的时间主要集中在 6 月上旬至 8 月下旬。以下是防治该害虫的方法：在冬季来临前，清除树下的枯枝落叶和病果，并集中焚烧以杀死越冬的幼虫。同时，对树盘进行翻土，覆土 1—2 厘米，以阻止成虫出土。此外，可在地面施用 25% 的辛硫磷微胶囊，每株用量为 50 克。在幼虫即将脱果前，应摘拾并集中深埋所有脱落的果实。从 6 月上旬至 7 月，对树上的果实进行定期检查和处理。喷两次 10% 高效氯氰菊酯 1000 倍，间隔 10—15 天，喷两次吡虫啉 3000—4000 倍。

图 2-18 核桃举肢蛾幼虫及成虫

（二）云斑天牛

该害虫的幼虫会对树木的主干或较粗的枝条造成损害。成虫在产卵时会在树皮上咬出一个半月形的狭窄刻槽，幼虫孵化后首先在树皮内穿食，导致受损部位变黑，并渗出褐色的树液。随后，幼虫会侵入木质部继续危害，其排泄物在排粪孔口形成明显的锯末状残留物。

这种害虫的生命周期为2—3年，幼虫会在树干内越冬。到了第二年的4月下旬，幼虫开始活动，而6月上旬至8月中旬则为成虫出现的高峰期。成虫羽化后，会先取食核桃树叶和新长出的嫩枝皮，6月中下旬是它们产卵的高峰期。卵通常产在树干胸径超过10厘米、距离地面60厘米以上的主干或粗枝上。

防治措施包括：在成虫产卵前，对树干进行涂白处理，使用硫磺粉1份、石灰10份、水40份混合成浆涂抹；在成虫期，利用灯光诱杀或人工捕杀成虫；在成虫产卵期间，刮除树干上月牙形产卵槽中的虫卵和幼虫；幼虫危害期，发现排粪孔后，用细铁丝钩杀幼虫；用棉球蘸毒死蜱10倍液塞入虫孔，并用湿土封严虫孔。

图 2-19 云斑天牛幼虫及危害状

（三）核桃小吉丁虫

幼虫会蛀食二至三年生的枝条。刚孵化的幼虫便会在卵下蛀入表皮造成损害，随着虫体的增长，它们会进一步蛀入皮层与木质部之间，形成螺旋状的虫道。受害枝条表面除了有不易察觉的蛀孔痕迹外，还会出现许多月牙形的通气孔。这些枝条上的叶片会提前枯黄并脱落，到了次年春季则会干枯。

这种害虫每年完成一代生命周期，幼虫在二至三年生受害枝条内越冬。在河北省，越冬幼虫通常在 5 月中旬开始化蛹，化蛹高峰期在 6 月，而 7 月则是成虫出现和产卵的高峰期。成虫破枝而出后，会经过 10—15 天的取食和交尾，然后开始产卵，卵通常产在树冠外围以及生长衰弱的二至三年生枝条上，尤其是向阳面光滑的叶痕及其附近。卵期大约持续 10 天，幼虫孵化后会蛀入皮层和皮与木质部之间造成损害，到了 8 月下旬，幼虫会蛀入木质部并形成蛹室以越冬。

防治措施包括：加强树木管理，提升树势，促进树木旺盛生长，这是防治该害虫的有效手段；在采收后至落叶前，以及发芽后至成虫羽化前，应剪除树上的病弱枝、黄叶枝和枯枝，并将它们连同一段健康枝一起烧毁；在 7 月和 8 月期间，一旦发现幼虫蛀入的通气孔，可涂抹 5—10 倍的苦参碱进行处理；结合防治核桃举肢蛾，可在树上喷洒 10% 的高效氯氰菊酯乳油，稀释 1000 至 1500 倍使用。

图 2-20 核桃小吉丁虫幼虫及危害状

二、核桃主要病害

（一）核桃细菌性黑斑病

该病主要对果实造成损害，导致所谓的“核桃黑”，同时也会侵害叶片、嫩梢和枝条。在多雨的年份，病情尤为严重，因为高湿度和高温是此病爆发的关键因素。

病害症状表现为：幼果受害初期，果面上会出现褐色小斑点，随后这些斑点会扩大成圆形或不规则的黑色病斑，边缘模糊，周围带有水渍状的晕圈。若病情较轻，病斑中央会下陷并龟裂，颜色变为灰白色，果实略微畸形。在雨天，病斑会迅速蔓延，从外果皮侵入内果皮（壳），导致果壳变黑，核仁干瘪。在严重的情况下，整个果实会迅速变黑腐烂，并提前脱落。当果实接近成熟时发病，病斑通常仅限于外果皮，损害相对较轻。

叶片受害时，最初沿叶脉出现圆形小斑点，随后扩展成近圆形或多角形的黑褐色病斑，边缘带有半透明的晕圈。多雨时，叶面会出现水渍状的近圆形病斑，叶背尤为明显。严重时，病斑会联合，导致叶片皱缩、枯焦，病部中央变为灰白色，有时会出现穿孔，使叶片残缺不全，提前脱落。

叶柄和嫩梢上的病斑呈长圆形或不规则形，黑褐色且稍凹陷。当病斑环绕枝干一周后，会导致枯梢和落叶。

病害的发病规律显示，细菌在病枝、溃疡斑、芽鳞和残留的病果中越冬。细菌通过气孔、皮孔、柱头、伤口等途径侵入植物体，并通过雨水、花粉、昆虫等媒介多次传播。

该病的发病程度与降雨量密切相关。尽管在 4 至 5 月具备侵染条件，但由于干燥少雨，很少出现发病。到了 6 月下旬，果实上开始形成病斑，而 7 月中下旬，随着雨水的增多，果上的病斑迅速扩大或变黑腐烂。进入雨季之后，幼嫩枝条也会感病，叶片上的角斑症状变得明显。

该病的发病程度与品种、栽培水平和树势紧密相关。本地核桃比新疆核桃更抗病，晚实核桃比早实核桃更抗病，但目前尚未发现完全免疫的品种。

防治方法：结合修剪清除病枝病果并烧毁；及时防治核桃举肢蛾、山核桃蚜虫、长足象等危害果实的害虫，减少果实上的伤口和传播媒介；加强栽培管理、提高树势、改善通风透光条件；萌芽前，全树喷 3—5 度石硫合剂。幼果期开始，生长季节连续喷 2—3 次杀菌剂，可用 50% 多菌灵 1000 倍、50%

甲基托布津 800 倍液交替使用（雌花花前、花后、幼果期各一次）。

图 2-21 核桃细菌性黑斑病

（二）核桃炭疽病

该病主要对果实造成损害，导致其变黑并失去食用价值，同时也会侵害叶片和新梢。在多雨、高温、高湿的年份，病情会更加严重。

当果实受害时，果皮上会出现褐色至黑褐色的圆形或近圆形病斑，中央部位会下陷，并且病斑上会有黑色小点，有时这些小点会呈轮状分布。在适宜的温湿度条件下，这些黑色小点处会涌出粉红色的孢子团。一个或多个病斑连成一片，会导致果实变黑腐烂或提前脱落。若病情较轻，核壳或种皮部分会变黑。如果果实成熟前发病，病斑通常只局限在外果皮（青皮）上，对核桃的影响相对较小。

叶片受害时，通常从叶尖或叶缘开始形成大小不一的褐色枯斑，其外缘有一圈淡黄色。有时在主脉和侧脉之间会出现长条形的枯斑或圆褐斑。在潮湿条件下，这些枯斑处会涌出小米状的粉红色孢子团。病情严重时，叶斑会连成一片，导致叶片枯黄并最终脱落。

芽受害表现为芽鳞基部出现暗褐色病斑，有时病斑会深入芽痕内部。

嫩梢、叶柄、果柄受害时，会出现不规则或长形凹陷的黑褐色病斑，导致芽梢枯干，叶片和果实脱落。

病害的发生规律是：病菌以菌丝和分生孢子在病枝、叶痕、残留病果芽鳞中越冬。病菌通过风、雨和昆虫传播，并从伤口或自然孔口侵入。一般在幼果期侵入，7—8 月份开始发病，并可多次进行再侵染。发病的早晚和严重程度与高温、高湿条件密切相关，且比黑斑病的发病时间要晚。

炭疽病的发病程度与栽培管理水平、种植密度、树势等因素有关；不同品种和品种类群之间的抗病能力差异很大。本地核桃比新疆核桃更抗病，晚实核桃比早实核桃更抗病。尽管品种类群内部的抗病能力也有所不同，但目前尚未发现完全免疫的品种。

防治方法如下：加强栽培管理，改善果园的通风透光条件，清除病枝落叶并集中烧毁；雨季前开始交替喷 1 ∶ 2 ∶ 200 的波尔多液、50% 的甲基托布津 800 倍液进行防治；选择抗病品种。

图 2–22 核桃炭疽病

（三）核桃溃疡病

该病害通常发生在树木的主干和主要枝条的基部，最初表现为褐色或黑色的圆形斑点，直径介于 0.1—2 厘米之间。这些斑点有时会扩展成梭形或长条形。在幼嫩且光滑的枝条表皮上，病斑呈现水渍状，或形成明显的水泡。当这些水泡破裂后，会流出褐色的粘液，暴露在空气中后迅速变黑。随后，患病部位会形成明显的圆形斑点。在病情的后期，病斑会干缩并下陷，中央开裂，病部表面散布着许多小黑点。在严重的情况下，病斑会迅速扩展或多个病斑相连，一旦环绕枝干一周，就会导致枝条枯萎或整棵树死亡。病斑的表皮上会出现较大的黑色颗粒，排列成线条状。在潮湿的条件下，这些黑点上会长出白色至乳白色的分生孢子角。到了秋季，病部的表皮开裂，大量黑色小圆点暴露出来。

在老树皮上，病斑呈现水渍状，中心为黑色，边缘为浅褐色，没有明显的边界。皮下韧皮部和内皮层会腐烂，病害可深入至木质部。在严重的情况下，密集的圆形斑点联合起来会导致树木生长衰弱甚至整株死亡。

果实受害初期，病斑近似圆形，颜色从褐色到暗褐色不等，大小各异。这会导致病果提前脱落、干缩或变黑腐烂，表面产生许多褐色至黑色的粒状物（子实体）。

病害的发生规律是：病原菌以菌丝体在病组织内越冬。该病原菌属于弱寄生菌，容易在树体受到冻伤或日灼伤害后感染。树干或树基的向阳面更易发病。弱树、干旱、土壤质量差以及伤口多的树木更容易感染。

春季气温回升，湿度适宜时，病菌会通过皮孔或受伤组织侵入。当寄主植物遇到不利条件，如生理失调时，病症就会显现出来。因此，在春季低温、干旱、风大，幼嫩组织失水较多的情况下，生长衰弱的植株容易表现出病症。

在北京地区，4 月上旬至中旬，当气温在 10 ℃—15 ℃时，病害开始逐渐发生。到了 5—6 月，气温在 17 ℃—25 ℃时，病害达到高峰期。7—8 月，当气温上升到 30 ℃以上时，病害基本停止。9—10 月，病害又会略有发展。到了 11 月，病害停止发展。

防治方法如下：加强管理健壮树势，提高树体的抗逆能力；树干涂白，防止冻害和日灼伤，对较大的伤口进行保护性处理；刮治病斑，彻底刮除病斑或在病斑上纵横划伤，然后涂杀菌剂，常用的杀菌剂有 5 度石硫合剂、过氧乙酸、噻霉酮等。

图 2-23 核桃溃疡病

（四）核桃腐烂病

核桃树的主干或各级枝条受到危害时，可能会导致树木死亡。幼树受害后，用手挤压病患部位会流出带有泡沫的液体，散发出酒糟的气味。随着病情的发展，病部会纵向开裂，并渗出大量黑色液体（即所谓的黑水病）。成年大树在病情初期可能没有明显的外部症状，但当开始流出黑色液体时，皮下已经形成了较大的病斑。

幼树的主干和主要枝条上会出现梭形的病斑，病患部位呈暗灰色，有水渍状，轻微肿胀。挤压这些部位时，也会流出带泡沫的液体。随着病情的进一步发展，病组织会下陷，病斑上出现黑色小点。在温度和湿度较高的条件下，这些黑点会涌出桔红色的丝状物。最终，病斑会纵向开裂，流出大量黑色液体（黑水病）。而成年大树的树皮外部在病情初期可能没有明显症状，但当开始流出黑色液体时，皮下已经形成了较大的病斑。

枝条受害后，会呈现出枯枝状，表现为叶片失绿、皮层与木质部分离，皮下密布黑色小点；剪口处发病时会有明显的褐斑，并向下蔓延。

关于此病的发病规律，病菌会在病组织内越冬。该病原菌是一种弱寄生菌，可以在芽痕、皮孔、剪伤口、冻伤、日灼伤等部位产生病斑。此病在生长季节内多次侵染，春季和秋季是发病的高峰期，尤其是 4 月下旬至 5 月，是发病的主要时期。

在苗木和幼树阶段，此病的发病情况相对较轻。然而，在结果盛期的树木中，病情会变得较为严重。那些长有大量徒长枝和营养枝的树木，由于冻害或干旱导致水分丧失，更容易受到此病的侵袭。

防治方法如下：加强管理健壮树势，提高树体的抗逆能力；树干涂白，防止冻害和日灼伤。对较大的伤口进行保护性处理；树干涂药：夏初树干和骨干枝涂甲基托布津、过氧乙酸、噻霉酮等 100 倍液。

图 2-24 核桃腐烂病

第三章　柿栽培管理技术

第一节　概述

一、柿的社会及经济效益

（一）营养丰富

柿子以其鲜艳的色泽和甘甜多汁的口感而闻名，同时含有丰富的营养价值。成熟的果肉富含人体必需的多种营养物质。据分析，每百克鲜果中含有0.7—1.2克蛋白质，0.1—0.2克脂肪，以及12—24克的糖分和淀粉，使其成为含碳水化合物最高的果品之一。干柿子的糖度更是高达约65%，被誉为“木本粮食”。在明清时期，北方频繁的自然灾害导致粮食产量低下，人们常以柿子作为替代食物来度过饥荒。柿子还富含胡萝卜素、硫胺素、核黄素、尼克酸、维生素C以及钙、磷、铁等矿物质，其中钙（10毫克）和磷（19毫克）的含量高于苹果、梨和葡萄等水果。

（二）医疗价值

柿子不仅美味，还具有显著的医疗价值。它能治疗肠胃疾病、止血、解酒毒，并具有醒脑提神、降压镇静的功效。柿蒂可用于治疗夜尿症，柿霜则能缓解喉痛、咽干和口疮等症状。柿叶可制成柿茶，有助于消化和降压，是高血压和冠心病患者理想的饮料，同时具有解毒作用，在日本市场上颇受欢迎。

（三）用途广泛

柿子不仅色泽诱人、口感香甜，而且用途多样。脱色后的柿子可制成软柿和脆柿，成为老少皆宜的鲜食果品，尤其受到老人和儿童的喜爱。柿子还可加工成多种美味的食品，包括白柿（霜柿饼）、乌柿（无霜柿饼）、柿干、柿脯、柿子果丹皮、柿汁蜜汁、汽水柿醋、果酱、果冻、柿子晶（固体饮料）和柿糖等，新产品仍在不断开发中。未成熟的柿子和枝叶含有丰富的单宁，可用于印染行业。柿木质地致密、纹理细腻，是制作高档木材制品和优质家具的理想材料；其硬度也使其成为制作高尔夫球杆头的优选材料。

（四）水土保持

在山坡和丘陵地区的种植柿树有助于涵养水源和保持水土。

（五）园林绿化

柿树的叶子宽大光亮，春夏季节浓绿，晚秋时节红叶动人，花朵洁白，果实硕大且色彩艳丽，成熟期晚且不易脱落，是街道绿化的理想树种。它不仅美化了城市，还具有一定的经济效益。一些城市选择柿树作为市树。

（六）栽培简便，效益高

柿树适应性强，多栽培于山地、坡地、盐碱地等地区，具有抗干旱、耐涝、抗寒和抗热的特性。在中国，除了极寒冷的省区外，南北各地均有栽培。柿树一般在种植后 3—5 年开始结果，6 年可达到每亩 3000—4000 斤的产量，经济寿命可达 70—80 年。此外，柿树的栽培管理相对简单，病虫害较轻，产量高，易于丰产，经济效益良好。在中国大部分产区，柿树多采用放任生长、粗放管理的方式，但仍能带来一定的经济收入，成为贫困地区的支柱产业。近年来，随着适度管理的增加，数十年甚至上百年的柿树产量和经济效益显著提升，极大地激发了山区果农发展柿树生产的热情。

二、柿产业发展现状及有利条件

柿树起源于中国，不仅是中国，也是我市重要的果树之一，拥有悠久的栽培历史。受自然条件和社会经济因素的影响，长期的栽培实践在地理上形成了一个清晰的柿树分布界限。这一界限大致沿着年降雨量超过 450 毫米、年平均气温在 10℃以上的等温线，从东端的辽宁省开始，跨越渤海进入山海关，沿着长城向西延伸至八达岭，再斜穿内长城向西南方向，进入山西省后沿五台山、云中山、吕梁山，直至陕西省的延水关。接着，路线经洛川向西，绕过子午岭到达甘肃省的庆阳县，经过泾川、平凉，沿六盘山向南延伸至天水、甘谷、武山，再经过岷县、舟曲直至四川省。在四川盆地，路线沿西松潘、茂汶、金山、丹巴、康定、冕宁一线，穿越木里进入云南省，沿金沙江南下至金江，到达南涧后顺澜沧江直至我国南界。在这一分布线以北和以西的地区，柿树较为罕见，除非在一些小气候条件优越的特定地点，否则很少进行栽培。

根据联合国粮食及农业组织（FAO）的统计，2021 年全国柿树的收获面积超过 96 万公顷，产量达到 340 多万吨。在所有果树中，柿树的种植面积位居第五，产量则排在第九位。特别是黄河流域的河北、山东、河南、陕西、山西四省以及广西、福建、江苏，柿果的总产量占全国总产量的约 75%。河北省作为我国柿子生产的主要省份，现有种植面积近 70 万亩，主要集中在西部的太行山区，年产量超过 50 万吨，位居全国第二。保定市的易县、顺平、满城等县是柿子的主要产区，栽培面积占河北省的 1/2，柿树已成为当地农业产业中最具特色和优势的主导产业。近年来，随着农村产业结构的调整，我市柿树生产实现了迅猛发展，种植面积迅速扩大，产量持续增加，对山区农村经济的持续发展、农民增收、新农村建设以及生态环境的改善起到了至关重要的作用。

第二节 品种选择

一、柿主要种类

目前，我国柿子的栽培品种多达800余种，其中主要的品种有数十种。这些品种的分布具有明显的地域性，且优质品种的种植往往受到一定的限制。根据果实成熟后是否能在树上自然脱涩，柿子品种可以分为甜柿和涩柿两大类。若果实能在树上软熟之前完成脱涩过程，则称为甜柿；若不能，则需要在采收后通过人工脱涩或后熟处理才能食用，这类柿子被称为涩柿。在我国，绝大多数品种属于涩柿，包括磨盘柿、绵瓤柿、眉县牛心柿、干帽盔、小萼子、博爱八月黄、橘蜜柿、铜盆柿、高脚方柿、安溪油柿、恭城水柿、镜面柿等。而甜柿品种主要包括我国原产的罗田甜柿，以及从日本引进的富有、次郎、禅寺丸等品种。在选择品种时，应考虑其是否适合当地的自然条件和栽培水平，优先选择品质优良且便于管理的品种。

（一）柿

柿子，我国原产的果树之一，隶属于柿科柿属。该树种拥有众多品种，其中主栽品种多达数十个。它起源于长江流域，拥有超过2000年的栽培历史。除了黑龙江、吉林、内蒙古、宁夏、青海、新疆和西藏等地区外，柿子在我国其他地区均有广泛种植。特别是河北、广西、山东、河南和陕西，它们是柿子的主要产地，年产量超过60万吨，占全国总产量的60%左右。

柿子是一种落叶乔木，具有早结果和长寿命的特点，其寿命可长达300年以上。它的树冠自然呈现半圆形或圆头形，主干树皮呈方块状深裂，不易剥落。柿子的叶片宽大肥厚，边缘完整，互生排列，颜色为浓绿色，形状为倒卵形或椭圆形，顶端尖锐，基部宽楔形或近圆形。

柿子的花冠呈钟状，颜色为黄白色。雄花通常为小聚伞花序，每序有3朵花，雄蕊数量在16—24枚之间，而雌蕊则退化。雌花则单独生长在叶腋处，具有8—12枚退化的雄蕊，花柱常分裂，子房有8—12个室。多数品种的柿子仅有雌花，少数品种则同时拥有雄花和两性花。柿子的果实通常不含种子，成熟期在9—11月之间，其形状和大小因品种而异。果皮颜色为橙黄或橙红色，且萼片宿存，即俗称的柿蒂。

柿子果实富含糖分和维生素C等重要营养成分，既可鲜食，也可用于制作柿饼，甚至可以提取柿漆。柿子主要通过嫁接繁殖。在栽培过程中，需要注意加强管理，增强树势，提高坐果率，并且要积极防治病虫害。

（二）君迁子

又名黑枣或软枣，是我国原产的果树，属于柿科柿属。它广泛分布于山东、辽宁、河南、河北、山西、陕西、甘肃、江苏、浙江、安徽、江西、湖南、湖北、贵州、四川、云南、西藏等省区，生长在海拔500至2300米的山地、山坡、山谷的灌丛中，或林缘。君迁子是一种落叶乔木，高达30米，树冠近球形或扁球形，树皮灰黑色或灰褐色，深裂或不规则厚块状剥落。叶片近膜质，椭圆形至长椭圆形，先端尖，基部宽楔形或近圆形，上面深绿色，有光泽，下面绿色或粉绿色，有柔毛。雄花1—3朵腋生，簇生；花冠壶形，带红色或淡黄色；雄蕊16枚，每2枚连生成对；子房退化；雌花单生，淡绿色或带红色；花萼4裂；花冠壶形；退化雄蕊8枚，着生花冠基部；子房8室。果实近球形或椭圆形，直径1—2厘米，初熟时为淡黄色，后变为蓝黑色，常被白色薄蜡层，8室；种子长圆形，褐色，侧扁；宿存萼4裂。10—11月成熟。成熟果实可供食用，也可制成柿饼，用于制糖、酿酒、制醋；未熟果实可提取柿漆。君迁子的实生苗常用作柿树的砧木，但需注意防治角斑病，因为受病果蒂较多。

（三）油柿

又称漆柿或方柿，也是我国原产的果树，属于柿科柿属。它主要产于浙江中南部、安徽南部、江西、福建、湖南、广东和广西等地。油柿是一种落叶乔木，高达14米，树冠阔卵形或半球形，树皮深灰色或灰褐色，成薄片状剥落。叶片纸质，长圆形或倒卵形，先端短渐尖，基部圆形或近圆形，上面深绿色，老叶上面无毛，下面绿色，有柔毛。雄花的聚伞花序着生在当年生枝下部，腋生，单生，每花序有花3—5朵；花冠壶形；雄蕊16至20枚，每

2 枚合生成对；退化子房微小；雌花单生叶腋，较雄花大；花萼 4 裂，钟形；花冠壶形或近钟形；退化雄蕊 12—14 枚，着生花冠基部；子房 8—10 室。果实卵形、长圆形、球形或扁球形，大小不等，嫩时绿色，成熟时暗黄色，有易脱落的软毛，有种子 3—8 颗；种子近长圆形，棕色，侧扁；宿存萼 4 深裂。8—10 月成熟。果实可供食用，果蒂（宿存花萼）入药。在广西桂林一带，常用本种作为柿树的砧木，江苏、浙江等地多有栽培，供取柿漆用。

（四）浙江柿

又称粉叶柿，是我国原产的果树，属于柿科柿属。它主要产于浙江、江苏、安徽、江西、福建等地。浙江柿是一种落叶乔木，高达 17 米；树皮灰黑色或灰褐色，枝深褐色或灰褐色。叶片革质，宽椭圆形或卵状皮针形，先端急尖，基部钝圆形，上面深绿色，无毛，下面粉绿色，无毛或疏生柔毛，叶柄红色。雄花集成聚伞花序着生在叶腋，每花序有花 2—3 朵，红白色；花冠壶形；雄蕊 16 枚，每 2 枚连生成对；退化子房细小；雌花单生或 2—3 朵丛生，腋生；花萼 4 浅裂，裂片三角形；花冠带黄色，壶形；子房 8 室。果实球形或扁球形，直径 1.5—2 厘米，嫩时绿色，成熟时红色，被白霜；种子近长圆形，淡褐色，侧扁；宿存萼花后增大，两侧略背卷。9—10 月成熟。本种可用作柿树的砧木，未熟果可提取柿漆。

（五）老鸦柿

是我国原产的果树，属于柿科柿属。它主要产于浙江、江苏、安徽、江西、福建等地。老鸦柿是一种落叶小乔木，高约 3 米；树皮灰色，平滑。枝细而微曲，有枝刺。叶片纸质，菱状倒卵形，先端钝，基部楔形，上面深绿色，沿脉有黄褐色毛，后变无毛，下面浅绿色，疏生柔毛。雄花着生在当年生枝下部；花萼 4 深裂，裂片三角形；花冠壶形；雄蕊 16 枚，每 2 枚连生；退化子房小；雌花散生在当年生枝下部；花萼 4 深裂，裂片披针形；花冠壶形；子房卵形，密生长柔毛，4 室。果实球形，直径约 2 厘米，嫩时黄绿色，成熟时桔红色，无毛，有蜡样光泽，顶端有小突尖；有种子 2—4 颗；种子半球形或近三棱形，褐色；宿存萼 4 深裂，裂片革质，长圆状披针形。9—10 月成熟，果实可提取柿漆。实生苗可用作柿树的砧木。

二、甜柿品种

甜柿品种很多，已知品种有200多个。其中我国原产的甜柿品种主要是罗田甜柿，在湖北其他地区又发现秋焰甜柿、宝盖甜柿、小果甜柿、四方甜柿、野生甜柿等5个新类型和罗田甜柿的许多变异单株。目前世界上的甜柿栽培品种大多原产日本，国家柿种质资源柿圃、中国林业科学院亚热带林业研究所、华中农业大学等单位已先后从日本、美国等地引入了30多个甜柿品种，并在全国许多省（市、自治区）栽培示范和推广。

（一）早熟品种

1. 西村早生

原产日本滋贺，1998年引入我国，在陕西、山东、安徽、浙江、湖南、江苏、湖北等地有少量栽培。属不完全甜柿。果实扁圆形，果顶较尖，蒂部无皱纹和纵沟，果蒂整齐而美观。单果重140克，最大果重190克，果皮浅橙黄色，完熟后带橙红色，有光泽，无纵沟；肉质松软，汁液少，味甜，糖度18%；品质优于赤柿，在早熟品种中属优质品种。无核或少核时，果实有涩味，但每果含4粒以上种子时，果肉内形成褐斑，可完全脱涩。果肉较粗，味稍淡；较耐贮运。在陕西眉县国家柿资源圃9月下旬至10月上旬成熟，由于可在双节时供应市场，经济效益较好。

2. 早秋

该品种的果实呈扁圆形，属于大中型果类，大小均匀一致，平均单果重约240克，最大可达315克。果皮为橙红色，质地细腻，无锈斑，表面具有蜡质光泽，外观十分吸引人。果肉松脆且细腻，富含汁液，可溶性固形物含量介于14%和16%之间，肉质脆嫩、色泽橙黄，口感无涩味，品质极为上乘。此品种耐贮藏和运输，货架期较长，且果顶无裂果现象，几乎不存在柿隙。果实通常在9月上旬成熟。

树势表现为中等强度，树形开张，枝条较为粗壮，叶片较大。该品种无雄花，雌花数量较多，雌花的花期与“伊豆”品种大致相同。种子形成能力较强，通常有 3—4 粒种子，但多数种子会在中途退化。早期落果现象稍显频繁，因此需要配置授粉树并进行人工授粉以促进种子的正常形成。此品种具有早果丰产性，易于成花，结果较早，一个结果母枝最多可产生 9 个结果枝，结出 33 个果实，结果枝的结果数量在 1—5 个之间。高接树在第二年即可大量结果，到第三年时，单株产量可超过 30 千克。

3. 上西早生

源自日本，该品种是通过筛选松本早生中的自然变异单株培育而成。自 1989 年引入我国以来，已在浙江、陕西、湖北等地区进行了小规模的栽培，属于完全甜柿中的富有系品种。果实呈扁圆形，平均单果重约 200 克，最大可达 300 克。果皮呈现出鲜艳的朱红色，果实表面覆盖着丰富的果粉。果顶宽阔而圆润，具有浅浅的十字形沟纹，没有明显的纵沟和缢痕。果肉呈橙黄色，褐斑较少且分布稀疏，种子数量不多。肉质紧密，汁液较少，口感甜美，糖度超过 15%，品质上乘。在国家资源圃内，该品种的果实通常在 10 月中下旬成熟，比松本早生品种提前 10—15 天，采摘期从 10 月上旬持续至 10 月底。

4. 赤柿（又名藤八）

原产日本，1987 年引入我国，在陕西、浙江、湖北等地有少量栽培，属不完全甜柿。果实高扁圆形，单果重 140 克，最大果重 200 克，果面红色，外观美。纵沟有或无。肉质粗硬，汁少，味甜，糖度 15%—16%，品质较差。种子多，周围褐斑也较多。在陕西眉县 9 月上旬成熟，是目前成熟期最早的甜柿品种。该品种在果实顶部的花柱遗迹周围具绒毛，果内常有肉球，可与其他品种区别。

（二）中熟品种

1. 松本早生

源自日本，该品种是一种早熟且具有高价值的变异类型。自 1980 年起，它被引入我国，并在陕西、浙江、江苏、湖北等地区进行了少量的栽培。这个品种属于完全甜柿中的富有系，其果实呈现出较为扁平的圆形。平均每个果实的重量约为 193 克，最大可达 202 克。果皮颜色从橙红到朱红不等，表面没有明显的纵沟，通常也不会有缢痕。横切面为圆形或椭圆形，果肉中褐斑很少或几乎不存在，种子数量较少。果肉质地松脆，软化后略带黏性，汁液不多，但味道甜美，糖度可达 16%，品质优良。该品种在国家资源圃通常于 10 月上旬成熟，并且具有较强的耐贮藏性。

2. 阳丰

原产日本，系杂交培育品种。1991 年引入我国，在陕西、湖北、河南等地有栽培，属完全甜柿。果实大，呈较高的扁圆形。平均单果重 178 克，最大果重 240 克，大小较整齐。果皮浓橙红色，软化后红色，果粉较多，无网状纹，无裂纹，无蒂隙。纵沟无，果肩圆，无棱状突起，偶有条状锈斑，无缢痕。果实横断面圆形，果肉橙红色，黑斑小而少，肉质松脆，软化后黏质，纤维少而细，汁液少，味甜，糖度 17%，品质中上。在国家资源圃 10 月上、中旬成熟。易脱涩，耐贮性强。

3. 次郎

源自日本静冈地区。该品种于 1920 年左右首次引入我国，并经历了多次再引种。目前，在我国浙江、湖北、陕西、山东、河南、河北、湖南、江苏、云南等多个省份均有种植，成为我国甜柿种植的主要品种之一。它属于完全甜柿类型。

该品种的果实体积较大，呈扁方形，横截面为方形。平均单果重量约为 200 克，最大可达 300 克，大小均匀一致。果皮光滑且具有光泽，在晚熟时呈现橙红色，软化后则变为朱红色或大红色。果皮细腻，覆盖着较多的果粉，没有网状纹路、裂纹或缢痕，仅带有四条宽而清晰的纵沟。柿蒂较大，呈方圆形，微带红色，相对平坦。果肉呈橙红色，黑斑小且数量少。肉质脆硬稍密，软化后略带黏性，同时带有粉质感，纤维细短，汁液丰富，味道甜美，糖度介于 16%—17% 之间。该品种在国家资源圃通常于 10 月中下旬成熟，具有较强的耐贮藏性，品质属于中上等，适合直接食用。

4. 禅寺丸

原产日本，1920 年前后引入我国，在北京、陕西、河南、河北、浙江、江苏、湖北、湖南、云南等地有栽培。因繁殖容易，目前已成为主栽品种之一。属不完全甜柿。果实短圆筒形或扁心形。平均单果重142克，最大果重172克，大小不整齐。果皮暗红色，果肉内有密集的黑斑。肉质松脆细嫩，汁液多，味甜，糖度14%—18%，品质中上。在国家资源圃10月上旬成熟。耐贮性较强。该品种有雄花，且花粉量大，宜作授粉树。实生苗可作富有系品种的砧木。

5. 兴津20

源自日本，在日本未完成品种注册，仅被用作育种的中间材料。它被我国的国家资源圃引进。这一品种属于完全甜柿。其果实呈方形心形，横截面为方圆形，大小适中。平均重量为140克，最大可达170克，纵径为4.9厘米，横径为6.0厘米，果实大小均匀一致。果皮为橙黄色，在软化后变为橙红色，质地细腻，带有较多果粉，并有横向裂纹，蒂部无缝隙，软化后难以剥皮。果顶呈圆形，脐部平坦，果肉为橙红色，黑斑小且数量少，纤维少、细、短。果肉质地松软，软化后口感如水，汁液丰富，味道浓郁甜美，糖度达到22%，品质上乘，耐储藏性良好。在国家资源圃，该品种的果实于9月上旬开始着色，10月上旬成熟。

6. 富有

原产日本，现仍为主栽品种。1920年引入我国，以后又多次重复引种，在陕西、河南、浙江、山东、河北、北京、福建、湖北、湖南、四川、云南等地有少量栽培。属完全甜柿。果实扁球形，横断面圆形或近椭圆形，果顶丰圆。平均单果重200克。果皮橙红色，无纵沟，通常无缢痕。在国家资源圃10月下旬成熟。果梗短而粗，抗风力强。肉质松软，汁中等，味浓甜，糖度14%—16%，品质上。褐斑少，种子少，但大而厚，呈短三角形。果实自然脱涩早，鲜果耐贮运。适应性强，开始结果早，大小年现象不明显，是目前世界上栽培面积最大，产量最高的完全甜柿生产品种。

（三）晚熟品种

1. 骏河

原产日本，由农林水产省果树试验场育成的杂交品种亲本为花御所。

1984年引入我国，在陕西、浙江、北京、河南等地有零星栽培。属完全甜柿。果实扁心脏形，外形略呈五棱形，横断面方形。平均单果重151克，最大果重250克。果皮橙红色，具光泽，无纵沟，在果肩处有许多皱纹和黑色线状锈斑，无缢痕。果肉几无褐斑，种子极少。果肉致密，坚硬，深红色，软化后黏质。汁液中等，味较甜，糖度16%，有轻微残涩，品质上。在国家资源圃11月上旬成熟。

2. 海库曼

美国品种，可能系日本甜柿品种“百目”或其变异。1989年引入我国，在陕西、河南、湖北、云南等地有少量栽培。属不完全甜柿。实球形或椭圆形。单果平均重182克，最大果重200克。果皮橙红色，无纵沟。肉质脆而致密，果汁多，味甜，糖度17%，品质中上，褐斑小而少，种子3—4粒。在国家资源圃11月上旬成熟。

3. 晚御所

原产日本。引入我国后在国家资源圃和华中农业大学柿圃有植株保存。果实扁方形，果实大。平均单果重165克，最大果重210克，纵径5.0厘米，横径7.2厘米，大小整齐。橙红色，软化后朱红色。果皮细腻，果粉较多，果顶有少量裂纹，十字沟不明显。果实横断面圆形。果肉橙红色，黑斑小而少，纤维多而细长。肉质松脆，软化后黏质，汁液较多，味浓甜，糖度25%，品质上等。在国家资源圃11月上旬成熟。该品种品质优，产量较高，耐贮性强。但成熟期较晚，北方早霜来临早的年份不易成熟。可在南方适量发展。

第三节 无公害柿园建立

一、无公害柿园应具备的环境条件

柿树适应性强，对地势和土壤要求不严，不论山地、平地或沙荒地，均能生长。但最好选择土层深厚、肥力中等、pH 值 6.5—7.5、排水良好的壤土或沙壤土作为建园地点。在丘陵山地建园，土层厚度应不低于 40 厘米，坡度需在 25° 以下，并作好水土保持工程，如修筑水平梯田或鱼鳞坑等。同时还应避开雹灾易发区、害风顺向的沟谷、冷空气容易滞留的低洼地以及风力较大的山脊。

选择与无公害柿果生产标准相契合的生态产地，是确保无公害柿果产出的前提和基础。环境条件，特指那些影响柿树生长的自然要素，如空气、灌溉水和土壤等。理想的无公害柿果产地应当具备优良的生态环境，远离污染源，并拥有可持续发展的潜力。在挑选园地时，应避免靠近交通干线，例如铁路、高速公路、车站、码头、机场，以及工业“三废”排放点和间接污染源，同时也要远离上风口和上游受污染的江河湖泊。这样的措施是为了确保柿果生产的每个环节都免受污染，从而保障无公害柿果生产的持续性和稳定性。

二、无公害柿园的规划设计

柿树的经济寿命较长，栽植后将在同一地点生长结果多年，所以柿园建立必须慎重选择地点，合理规划，科学建园。

（一）园地踏查

在着手进行柿园的设计规划之前，首要任务是开展详尽的地形勘察和土壤调查。这一步骤至关重要，因为它能帮助我们全面掌握地形、地势、土壤质地、肥力状况以及植被分布等关键自然条件资料和特点。完成勘察后，应绘制出精确的草图，这些草图将作为基地建设的基础，包括但不限于土地利用现状图、地形图、土壤分布图、土层深度图以及水利图，比例不得小于1‰。在这些图中，需要明确标出未来柿园的边界、面积、形状，以及周边的河流、村落、道路、房屋、池塘、耕地、荒地和植被生长情况。在必要时，还应深入进行土壤调查，以了解地块的土层结构和肥力分布。此外，对水资源状况的了解也必不可少，这包括水量、水质、地下水位和地表径流趋势。同时，对当地的农业经济状况进行调查也是必要的，这应涵盖人口数量、人均耕地面积、粮食生产情况和人均收入等关键指标。通过这些准备工作，我们可以掌握详细数据，从而合理地确定柿园的设计方案。

（二）柿园规划

在规划果园时，需要考虑多个关键因素，包括小区的划分、排灌系统的设置、道路的布局以及防护林的营造等。以下是详细规划的要点。

1. 小区的划分

小区是果园的基本作业单位，其面积、形状和方位应与当地的地形、土壤和气候特点相适应。结合路、沟、林的设计，以方便耕作和经营管理。

（1）小区面积

在平地果园，土壤条件较为一致，相同树种的小区面积可以相等。而在山地和丘陵地果园，小区面积应根据集流面积、地块大小、排灌系统等因素来划分。

（2）形状

长方形小区有助于提高耕作效率。小区的长边应与当地主害风向垂直。在平地果园，一般为东西向；而在山地丘陵果园，长边应与等高线平行，并适应等高线的弯度，避免跨越分水岭或沟谷，以减少水土冲刷并有利于耕作。

2. 排灌系统

（1）排水系统

排水系统的作用是减少土壤中过多的水分。在我国北中部，6—8 月为雨季，降雨量占全年的一半以上。若不及时排除积水，果树可能会被淹死。

① 明沟排水是大多数果园采用的排水方式。挖沟时，应考虑水的自然流向以及果园的整体规划和机械作业。较深的排水沟不仅能排除地面径流，还能控制土壤中过多的水分。

② 暗沟排水涉及在地下埋设管道或其他材料（如石砾、竹筒、秸秆等），构成排水系统。这种方法不占用地面，不影响耕作，但成本较高。

（2）灌溉系统

灌溉系统可以分为明沟灌溉、渗灌、喷灌和滴灌等。

① 明沟灌溉在平原地区可利用井、渠灌溉。山区和丘陵区则利用山谷修建水库，引水上山进行灌溉。

② 渗灌是一种地下灌溉方式，利用埋设在地下的多孔管道将水引入田间。其优点是保持表土疏松，减少蒸发，节约渠道占地，便于耕作，且灌水与其他农事操作可同时进行；其缺点是成本高，检修困难，在透水性好的土壤中，渗漏损失较大。

③ 喷灌通过喷洒方式对果树进行灌溉。与地面灌溉相比，喷灌具有省水、省地、不破坏土壤结构、不受地形限制、节省劳力等优点。但当风力达到3—4级时，喷洒可能不均匀。喷灌的成本也较高。

④ 滴灌利用一套低压管道系统及分布在果园地面或埋入土内的滴头，将水一滴一滴地浸润果树根系范围内的土壤。滴灌的优点是省水、省肥、保持土壤空气状况良好，避免土壤冲刷。其缺点是成本较高，滴头易堵塞。

3. 道路设置

为便于运输，果园应有道路系统。果园应设置大路、中路和小路。小路应能通行小型拖拉机，一般宽2—3米。山地果园的小路须与等高线平行，地块较小的山地丘陵地果园，可利用背沟或梯田埂作人行道，不专设小路。中路连接大路和小路，宽4—6米，能通汽车，是小区或大区（若干个小区组成）的分界线。大路宽6—8米，能保证两辆汽车对开或会车。大路与园外的公路相通。

4. 防护林的营造

（1）防护林的作用

① 减低风速，防风固沙；② 调节气候，增加湿度；③ 减轻冻害，提高坐果率；④ 降低水位，防止冲刷；⑤ 提供肥源、蜜源、编条，增加收入。

（2）防护林的类型

林带的结构可以分为三类：① 紧密型林带，由乔木、亚乔木和灌木组成；② 稀疏型林带，断面较稀疏，由乔木和灌木组成；③ 透风型林带，一般由乔木构成。

（3）防护林树种的选择

① 树种选择要求速生、高大、发芽早、枝叶繁茂，防风效果好；适应性强，与果树无共同的病虫害；根蘖少，不串根，与果树争夺养分的矛盾小；具有一定的经济价值；能美化环境。

② 可选用的防护林树种包括乔木：杨、柳、榆、刺槐、侧柏、黑松、椿、泡桐、黑枣等；灌木：紫穗槐、杞柳、柽柳、花椒、枸橘、白蜡等。

（4）防护林的营造

柿园防护林可分为主林带、副林带和临时折风林带三种。在有地区性主干林带的情况下，果园防护林的行数与宽度可适当减少；在风沙大或风口处，林带的宽度和行数应适当增加。主林带由5—7行组成，宽10—14米，其走向与当地主害风方向或常年大风方向垂直。两条主林带间距为300—400米。副林带与主林带垂直，间距为500—800米，风沙大的地方可减缩为300—500米。副林带由3—4行组成，宽度为6—8米。

5. 建筑物安排

果园建筑物是辅助果树生产的相关设施，包括管理用房、果品存放库、机车库、农具库、农药库、包装场、晒场、机井房、配药池、积肥场等。平地果园的果品包装场和配药池应设在交通方便之处，尽可能设在果园中心。山地果园的包装场、贮存库应设在较低处。配药池可与园内机井相结合，每6.6至13.4公顷设一个点。包装场的规模应根据果园面积和产量的多少，以及日采收、外运量来确定。分级包装场必须保证车辆进出和装载方便。

三、无公害柿园建立

（一）改土整地

针对沙荒和土质疏松的果园，建议增加有机肥料的施用、种植绿肥或实施生草土壤管理制度;对于山地和丘陵地带的果园,则可修建梯田和等高撩壕,以实现“护坡截流”的效果。在坡度较大、土层较薄的区域,可采用修筑鱼鳞坑植树的方法,以达到水土保持的目的。

1. 梯田

梯田能够将坡地转变为台田,有效减少坡面的水土流失,并增加土层厚度,便于进行栽培管理。梯田通常沿等高线建造,其宽度受坡度和果树种类等因素影响。在坡度较陡、土层较薄的区域,梯田面较窄,适合种植小株果树;而在坡度较小、土层较厚的区域,梯田面较宽,适宜栽种较大的果树。梯田壁分为石壁和土壁两种,石壁比土壁更为坚固,可修建成直壁式以提高梯田面的使用效率,而土壁则应筑成斜壁式,以扩大果树根系的活动范围。

2. 撩壕

在山坡上沿等高线挖掘横向沟壑,沟深约 20—30 厘米,并在沟的下沿堆土成垄,形成“壕沟”。沟底应保持基本水平,比降设置为 0.3%,两端与排水系统相连。壕的密度通常与树的行距相等,果树种植在壕的外坡,这里的土层较厚,水分和空气适宜,不易积水和冲刷,果树根系也能加固土壕。每年春季应进行一次修理,并随着树龄的增长逐年完成。壕间可种植草本植物或紫穗槐等小灌木,以保持水分和土壤,同时增加肥源。

3. 鱼鳞坑

适用于地形复杂或较陡坡度上栽植果树。通常在年前挖好鱼鳞坑,坑直径为 50—100 厘米,施入底肥并用表土填满,坑下方用石块或土堆砌成埂。经过雨雪的滋润,土壤下沉熟化,第二年春天再栽植果树,有助于根系的生长和成活。

（二）栽植

1. 品种选择

选择栽培品种时,应综合考虑经营方向、市场供需、当地自然条件、栽培习惯以及品种特性,以确定主栽品种。在城镇和工矿区附近、交通便利的地区,由于鲜柿销售量大,可选择不同成熟期、色泽艳丽、易于脱涩的鲜食品种。在交通不便的山区，应优先考虑丰产、优质、耐贮运、易加工的晚熟品种，并适当发展中早熟品种。若地处风景区，兼有观赏用途，可选择树冠紧凑、果实繁密、颜色鲜艳、成熟期晚、秋叶变红的品种。在条件适宜的地区，可适当发展甜柿品种，但需注意配置授粉品种，如禅寺丸、正月、赤柿等，比例约为 10%。对于单性结实能力差的品种，也应配置授粉树。

2. 栽植时期

柿树根系活动需要较高的温度，生长较晚。在华北地区，柿树成苗在地上部芽体膨大（即萌芽期）时栽植，成活率较高。秋季栽植时，必须做好防寒措施。在冬季不太严寒的地区，秋季栽植较为适宜。华中地区秋植（落叶前后）或春植（1—3 月）均可。目前，我国许多地区，特别是干旱少雨的地区，都采用坐地苗栽植法，即先栽砧木，待砧木苗成活后再嫁接柿树。栽植君迁子苗，一般在春秋两季进行，但多在立冬前后，土壤未冻结前进行。栽植后截干，埋土防寒。翌年春季，君迁子芽体膨大时扒开防寒土堆。

3. 栽植密度

过去柿树多零星种植，株行距较大，结果较晚。为了提高土地、光能及空间的利用率，达到早果丰产的目的，应适当密植。在平地多采用长方形栽植，在丘陵地或山地采用等高线栽植。栽培密度应根据品种特性、土壤肥力及管理水平等因素决定。一般肥沃地块应比瘠薄地稀植，阳坡密、阴坡稀，管理水平高的园地可适当加密，也可采用计划密植，即先密后稀。初建园时可栽密一些，等树冠即将郁闭时再隔株或隔行间伐，间伐的大苗可带土移植，作为行道树或绿化美化用，也可另建柿园。在现有的栽培管理条件下，丘陵山地柿园以株行距（2—3）米 ×（4—5）米，肥力较高的平地柿园以株行距（3—4）米 ×（5—6）米较为适宜。

4. 栽植方法

在完成水土保持工程和平整土地后，按预定的行、株距标出定植点，并以定植点为中心挖定植穴。定植穴的长、宽、深应不小于 80 厘米，密植柿园可挖栽植沟，沟深和沟宽均为 80—100 厘米，表土和心土应分开堆放。每穴施入腐熟的优质农家肥 50—75 千克。将表土与底肥充分混合，施入穴下部至地表 20 厘米处，然后填入一部分表土，灌水沉实后栽植。栽植时首先应修剪苗木根系，剪齐大的伤口。栽植深度为苗木根颈部与地面相平，使根系自然舒展，苗木直立。栽后踏实、灌水，水渗后封穴，每株覆 1 平方米的地膜。10 天后再浇一次水，之后根据土壤墒情，适时浇水，防止干旱。春季发芽后，及时检查成活情况，补栽缺株；已成活的幼树，在春季发芽前，应按整形要求进行定干；另外，在芽体膨大至展叶期，采用人工或化学等方法，捕杀金龟子等食叶害虫。

第四节　柿苗木繁育技术

当前，柿树的生产普遍采用嫁接繁殖技术。通过嫁接，可以确保优良品种的特性得以保持，并且有助于柿树提前结果。依据不同的栽培环境，选择合适的砧木，不仅能够增强柿树对不良土壤条件和恶劣气候的适应性，还能拓展其栽培的地理范围。

一、砧木选择

（一）君迁子

在我国北方地区广泛种植。其产量高，种子丰富，易于采集，播种后的发芽率高，生长迅速，并且与涩柿的嫁接亲和力强。其根系发达，侧根和细根众多，具有强大的分生能力，嫁接苗生长迅速，移栽时易于存活。它对干旱和寒冷具有较强的抵抗力，是我国北方及西南地区主要的砧木品种。然而，它对湿热环境的耐受性较差，在地下水位较高的地区，叶片易变黄并出现生理性的枯萎脱落。此外，君迁子与某些甜柿品种（例如富有）的嫁接亲和力较弱。

（二）本砧（柿砧）

其果实种子较少，采集种子较为困难，播种后的发芽率相对较低。特别是在北方地区，春季干旱，种子发芽时难以吸收足够的水分，导致发芽更加困难。柿砧的主根粗壮，但分支较少，侧根细弱，嫁接后的地上部分生长较弱，移栽后不易存活，恢复生长缓慢。柿砧不耐寒，但耐旱和耐湿能力较强。与甜柿的嫁接亲和力强，是我国江南地区柿树栽培的主要砧木。

（三）油柿

种子易于采集，播种后生长状况良好，与柿树的嫁接亲和力稍逊。其根系分布较浅，细根较多。嫁接后可使柿树矮化，并能提早结果，适合矮密栽培。在我国江苏、浙江等地区，油柿被用作砧木。但使用油柿作为砧木的柿树寿命相对较短。

（四）浙江柿

在浙江山区分布广泛，是一种高大的落叶乔木，树势强健，幼苗生长迅速。具有粗大的主根，耐湿性强，与柿树的嫁接亲和力强，可作为砧木使用。

（五）老鸦柿

主要分布在浙江、江苏地区，是一种落叶的小乔木，具有浅根性，侧根和细根较多，耐旱和耐贫瘠，适应酸性土壤，适合作为柿树的矮化砧木。

在我国柿的传统产区，大部分栽培的是涩柿，并且多采用君迁子作为砧木。然而，君迁子与目前我国推广的许多日本甜柿品种，尤其是富有系品种的嫁接亲和力较差。因此，甜柿生产上缺乏适宜的砧木，这也是我国在20世纪多次引种日本甜柿但甜柿生产未能显著发展的根本原因之一。在浙江，有利用当地野柿作为甜柿砧木的实践。在湖北罗田、麻城一带，野生甜柿类型较多，当地采用这些甜柿类型的实生苗作为罗田甜柿的砧木，并通过系统的调查、研究和总结，有可能找到适合大多数甜柿品种的广亲和砧木。

二、砧木苗的培育

在我国北方地区，人们会采集完全成熟的果实，将其放入容器中或堆积起来使其软化。接着，他们会搓去果肉，取出种子，并去除种子周围的发芽抑制物质。清洗干净后，种子需阴干，并进行沙藏或干藏。干藏时，将阴干的种子密封在塑料袋内以防止过度干燥，并在2 ℃—3 ℃的温度下或室温中储存；沙藏则是将种子用湿润的沙子进行层积处理，注意沙子的含水量不宜过高，以避免种子发霉腐烂。

到了第二年春季，大约在3月中旬至4月上旬，当地温达到8 ℃—10 ℃时，就可以进行播种了。播种前2—3天，将干藏的种子用冷水或大约45 ℃的温水浸泡（每天更换水1—2次），直到种子充分吸水膨胀。然后，将种子捞出，在温暖且阳光充足的地方与湿沙或湿锯末混合，覆盖上塑料薄膜进行催芽。当大约1/3的种子开始露出白色芽尖时，就可以播种了。而沙藏的种子则可以直接进行催芽播种。

选择苗圃地时，应挑选背风向阳、排水良好、地势平坦、具备灌溉条件、土壤肥沃且土层深厚的沙壤土或壤土地块。播种前，施入充分腐熟的有机肥，深耕 20—30 厘米，翻碎并耙平，做成畦，然后灌水沉实。由于北方干旱，宜采用低畦；而南方多雨，则需采用高畦。播种采用条播方式，行距为 30 厘米。每公顷的用种量为 37.5—45 千克。播种深度为 2—3 厘米，覆土后耙平并压实，并覆盖地膜或堆起 3 厘米—5 厘米高的土堰。播种期分为秋播和春播两种，秋播适宜在秋季作物收获后、土壤上冻前进行。由于秋播种子容易干燥，出苗率较低，在北方应尽量少用。春播期在北方为 4 月上旬，南方则可适当提前。

在幼苗出土前，应扒除土堰。随着幼苗逐渐出土，逐步去除覆盖的薄膜。当幼苗长出 2—3 片真叶时，进行定苗或移栽，每公顷保留 12—15 万株。当苗高达 10 厘米以上时，开始追肥，全年追肥 2—3 次。结合追肥进行灌溉和中耕除草，并注意及时防治病虫害。当苗木长到 30—40 厘米高时，可以进行摘心以促进其加粗生长。为了促进侧根的发育，最好在深 15 厘米处切断主根。待苗木直径达到 1 厘米以上时，即可进行嫁接。

三、嫁接苗的培育

（一）接穗的采集

枝接的接穗，可在树木落叶后至新芽萌发前的任何时间采集。选取品种纯正、树势强健、产量高、果实优质、无畸形果和病虫害的成年树作为采穗母株。采集树冠外围生长充实的一年生枝条或结果母枝，长度约为 30 厘米。随后，将约 20 枝接穗捆扎成一束，用塑料薄膜袋封装，并存放在冰箱的冷藏室中（温度控制在 2 ℃—3 ℃）。若接穗数量较多，可采用保湿沙藏法保存，但必须确保接穗在贮藏过程中保持湿润，且接芽不萌发。若接穗切口出现黑色斑点，表明失水过度，这将降低嫁接成活率。

对于芽接使用的接穗，春夏季节进行嫁接时，应采集生长旺盛、一年生枝条中下部的饱满芽作为接芽。接穗应随采随用，不宜长时间保存，必要时可将接穗插入水中，最长可保存 1—2 天。秋季嫁接时，应使用当年枝条上的腋芽作为接芽，接芽需饱满，颜色由绿转褐，剥下的芽片不应有隆起。

（二）嫁接时期

枝接应在砧木树液流动、芽已开始萌发、接穗处于休眠状态时进行，北方地区通常在春季的 4 月上旬至中旬。芽接的适宜时间是砧木和接穗均处于离皮状态，且接芽较为充实。

（三）嫁接方法

嫁接主要有芽接和枝接两种方式。芽接可采用丁字形芽接、嵌芽接等技术；枝接则可采用切接、腹接等方法，且枝接接穗应进行蜡封处理。

1. 丁字形芽接

适用于各种木本果树的一种芽接方法。芽长 1.5—2.5 厘米，宽 0.6 厘米，通常剥取时不带木质部，取芽时注意防止撕去芽片内侧的维管束。砧木在离地面 3—5 厘米处开丁字形切口，长宽比接穗芽稍大一些，剥开后插入接芽，注意芽片上端与砧木横切口密切相接，然后加以绑缚。

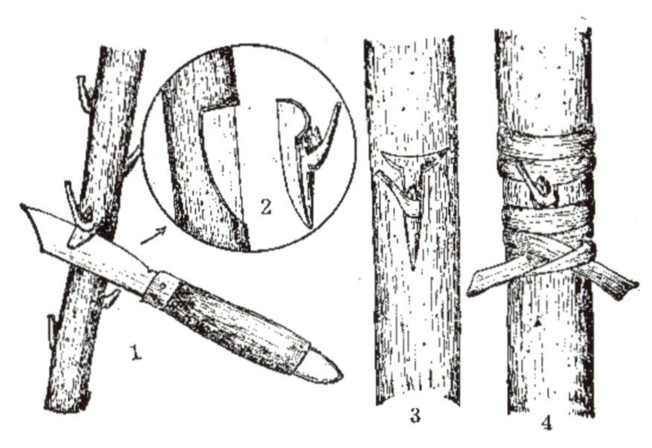

图 3-1 丁字形芽接

（1. 削取接芽 2. 取下芽片 3. 放入接芽 4. 绑缚）

2. 嵌芽接

带木质芽接，也称为嵌芽接，通常适用于春季进行嫁接。然而，在生长季节若遇到干旱导致砧木难以离皮时，此方法同样适用。在采集接穗芽时，应在芽下方约 0.5 厘米处斜向下切一刀，随后在芽上方约 1.0 厘米处从上至下斜向切入木质部并削一刀，当两刀口相交时，芽片便可以被取下。选择砧木上距离地面 5—6 厘米的光滑部位，先横向斜削一刀，然后在该切口上方约

1.5 厘米处，从上至下斜向切入木质部并削一刀，直至与下切口相交。理想情况下，砧木的削面长度和宽度应与接穗芽的长度和宽度相等或略大。完成砧木削面后，立即去除砧木的盾片，将接芽的盾片嵌入并固定好位置，若砧木较粗，则需确保一边的形成层对齐。最后，使用塑料薄膜条紧密包扎。

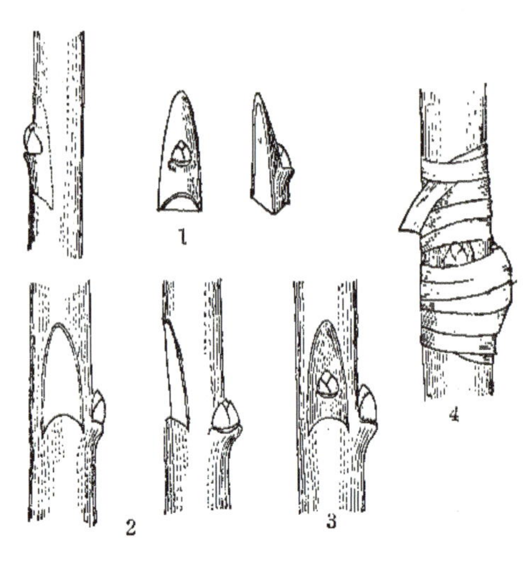

图 3-2 嵌芽接

（1. 削取接芽 2. 削砧木接口 3. 嵌入接芽 4. 绑缚）

3. 切接

切接是春季枝接的一种，选择充实、无病虫危害的一年生枝条，接穗留 2 个或 2 个以上的饱满芽。在接穗下端芽的背面 3 厘米左右处用刀斜削一刀，削掉 1/3 的木质部，再在斜面的背面斜削一个短削面，短削面长约 1 厘米左右，使两个削面成一楔形。在砧木离地面 3—5 厘米处剪除上部，选砧木皮层光滑且纹理直顺的地方把砧木横切面削平，在皮层内略带木质部用刀向下直切，切口深 2.5 厘米左右，较接穗削面略短，宽度最好与接穗切面宽度相等或稍大点。接穗的长斜面向里，短削面靠外，将接穗插入砧木的切口中。使接穗的长斜面两边的形成层和砧木切口两边的形成层对准、靠紧，如果接穗细，必须保证一边的形成层对准。用塑料条绑缚。

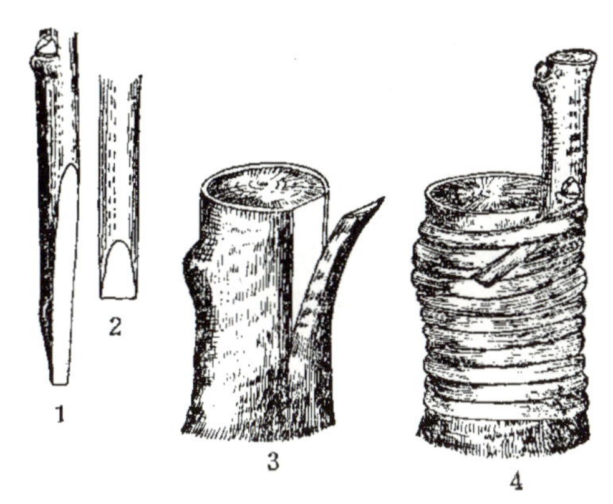

图 3-3 切接

（1. 接穗的长削面 2. 接穗的短削面 3. 切开的砧木 4. 绑缚）

4. 腹接

腹接又名切腹接。削切接穗的方法与切接相似，只是把接穗大削面削的长一些，约 4 厘米左右，小斜面长 2 厘米左右，呈一面宽一面窄的楔形斜面。然后在砧木离地面 5—10 厘米处斜切成 30° 角的切口，用手掰开，插入接穗，使一面形成层对准，用塑料薄膜条绑扎严密。

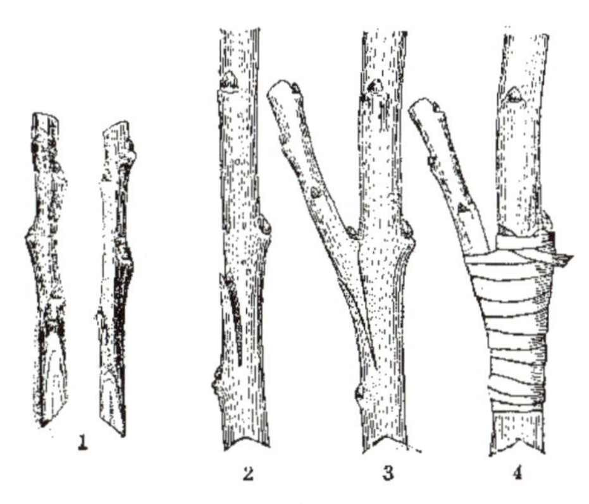

图 3-4 腹接

（1. 削接穗 2. 且接口 3. 插入接穗 4. 绑缚）

（四）嫁接苗的管理

1. 成活检查

嫁接后的 10—15 天，即可进行成活情况的检查。芽接的成活可以通过接芽和叶柄的状态来判断，若接芽呈现新鲜状态且叶柄一触即落，则表明嫁接成活。

2. 松绑与解绑

芽接苗在嫁接后会进入茎干快速增粗的生长阶段。通常在嫁接后的 20 天左右，接口会完全愈合。若发现个别植株在接芽部位出现轻微的束缚现象，这表明绑缚物过紧，此时应立即进行松绑和解除绑缚物。

3. 补接措施

对于未能成活的嫁接部位，应及时进行补接。一般在检查成活后立即进行补接，若延迟则砧木难以离皮，增加嫁接难度并可能影响成活率。

4. 剪砧操作

秋季进行芽接的苗木，以半成苗状态越冬。在第二年春季接芽萌发前，应在接芽片上方 0.5—0.8 厘米处进行剪砧，以促进接芽的萌发生长。剪砧不宜过早，以免剪口风干或受冻；也不宜过晚，以免浪费养分。

5. 抹芽与除萌蘖

剪砧后，砧木基部容易长出大量萌蘖，需要及时并多次去除，以确保养分集中供应给接芽。对于枝接苗，若一个接穗上萌发了两个以上的新生梢，通常只保留一个健壮的梢，其余的全部去除。

6. 支柱设立

当新梢生长至 30 厘米时，应设立支柱，并将新梢适度绑缚在支柱上，以防止接穗劈裂或折断。

7. 土壤、肥料、水分管理及病虫害防治

5—6 月是嫁接苗的快速生长期，应浇水 3—5 次，并在每次浇水时每公顷追施纯氮 25 千克。进入 7 月份后，应控制肥料和水分的使用，防止植株过度生长，使苗木更加充实。苗圃内应保持土壤疏松，无杂草，并及时进行病虫害的防治工作。当苗木高度达到 120 厘米以上时，可以进行摘心，以促进苗木的加粗生长。

四、苗木出圃

自行培育苗木通常更为理想。在从外地购买苗木时，务必重视植物检疫和苗木消毒程序，尽量减少根部损伤并保护须根，同时注意保持根部湿润，并采取措施防止品种混淆。

（一）起苗

起苗的最佳时期是在苗木落叶后至土壤封冻前，或者在第二年春季土壤解冻后至苗木萌芽前。当地栽植时，苗木可以随栽随起。如果挖掘时土壤过于干燥，应等待雨后或适当浇水，确保土壤保持湿润状态。起苗时应逐行小心挖掘，尽量减少对侧根的伤害，以保留完整的根系。起苗后，首先应剔除嫁接未成活的砧木苗和病苗，然后根据规格标准进行分级、包装和运输。

（二）苗木分级

甜柿苗木分级通常依据苗高、茎粗、根系发育状况、芽体饱满程度等因素分为四个等级。一级苗的标准为苗高 120 厘米以上，地径 120 厘米以上；主根长度 20 厘米以上，侧根不少于 5 条，须根丰富，根部无直径超过 1 厘米的伤口；芽体充实饱满；苗木直立，无秋梢，无病虫害。二级苗的标准为苗高 100—120 厘米，地径 100 厘米以上；主根长度 20 厘米以上，侧根不少于 3 条，须根较多，根部无直径超过 2 厘米的伤口；芽体充实饱满；苗木直立，无秋梢，无病虫害。三级苗的标准为苗高 80—100 厘米，地径 80 厘米以上；主根长度 20 厘米以上，侧根至少 1 条，须根较少；苗木直立，无秋梢，无病虫害。不符合上述标准的苗木被视为等外苗，不得出圃。

（三）苗木检疫和消毒

苗木检疫是预防病虫害传播的关键措施，对于果树新发展地区尤其重要。所有检疫对象都应受到严格控制，防止其扩散。在挖苗前应进行田间检疫，调运苗木时必须严格遵守检疫程序。在包装前，苗木应经过国家检疫机关或指定专业人员的检疫，并获得检疫证书。

对于携带一般病虫害的苗木，应进行消毒处理，以控制病虫害的传播。

（四）苗木假植

当苗木被挖掘后无法立即运出，或运出后不能及时进行栽植时，应采取临时措施将苗木假植。根据假植的持续时间，假植可分为短期和长期两种方式。

短期假植涉及将苗木根部浸入泥浆后成捆埋入土中，其假植期通常为15—20天。而长期假植则需要选择一个背阴且不易积水的开阔地带。假植沟的深度和宽度应各为1米，沟的方向应为南北走向，苗木的梢部应朝南倾斜并放入沟中。在放置苗木的同时，应立即用湿沙或湿土覆盖，确保根部与土壤紧密接触，并充分浇水。根据天气情况，逐渐将苗木完全埋入湿土或湿沙中。

（五）苗木的包装和运输

苗木经过检疫消毒后，便可以进行包装和调运。每捆苗木的数量应控制在50—100株之间。在包装和运输过程中，必须采取措施防止苗木干枯、腐烂、受冻、擦伤或压伤。如果苗木的运输时间不超过一天，可以直接使用车辆进行散装运输，但车辆底部应铺设湿草或苔藓等材料，苗木的根部应蘸泥浆，并与湿草分层堆放，上面覆盖湿润物。对于运输时间较长的情况，可以使用草包、蒲包、草席、稻草等材料进行包装，苗木之间填充湿润的苔藓、锯屑等，或对根系进行泥浆处理，也可以使用塑料薄膜袋进行包装。包装完成后，应挂上标签，注明品种、数量、等级以及包装日期等信息。在严寒的冬季运输苗木时，还应特别注意防冻。

第五节 柿土肥水管理

一、土壤管理

土壤管理是确保柿树优质高产的关键，它能够优化土壤结构，减少水土流失，增加土层厚度，改善土壤的理化性质，提升土壤肥力，为柿树根系的生长提供理想的环境。柿园土壤改良的主要目标是促进土壤形成团粒结构，确保足够的空隙度，并使土壤肥力和水分状况满足柿树正常生长的需求。尽管柿树对土壤的适应性较强，能够在山地、平原、庭院等多种环境中生长，但最佳的栽培条件是土层深厚、排水良好、保水能力强的土壤。因此，生产实践中通常会采取深翻改土、增加有机肥料的施用、间作绿肥、客土培植、中耕除草和覆盖等措施。

（一）深翻改土

深翻有助于土壤熟化，改善其通透性，并加速有机质的分解，从而促进根系的生长发育。除了在建园时挖掘定植穴（沟）外，随着树冠的扩展，从定植后的第二年开始，每年冬季落叶后至春季萌芽前应进行一次深翻扩穴改土。在树的一侧沿定植穴向外挖宽 60 厘米、长 120 厘米的长方形沟，深翻的深度应根据土壤类型而定。对于土壤贫瘠、质地坚硬的山地柿园，深翻深度应达到 80 厘米以上。结合施肥，将熟土回填入沟中，每年沿上一年扩穴沟的外缘再向外挖掘扩展。通常要求在树冠封行前（4 年内）完成全园深翻扩穴。对于丘陵山地柿园，由于土壤中砾石较多，必须进行换土改良，增加土壤有机质。深翻扩穴应与施用有机肥相结合，以实现改良土壤和促进根系生长的双重效果。

（二）土壤管理

春季松土能显著提高土壤温度，有利于根系提前活跃。夏秋季节干旱时松土，可以切断土壤毛细管，有效减少水分蒸发。除草既能减少杂草与柿树争夺养分和水分，又能清除病虫害的藏身之处。此外，在夏秋高温干旱季节进行除草覆盖，有助于保持土壤湿润，降低土壤温度。

通常在早春土壤解冻后，应及时松土以增温保墒。在5—6月和7—8月，分两次进行中耕除草，深度为3—5厘米。甜柿园也可以采用化学除草，一般使用10%草甘膦，每公顷15—22.5千克，加水750—1500千克（加入0.2%洗衣粉作为表面活性剂），对杂草叶面进行喷雾。对于未生草的柿园，在生长季中耕除草时，可以在树盘内压入草皮土或压草。成龄柿园可以全园或树盘内覆盖切碎的秸秆、杂草，并在上面少许覆土。

（三）合理间作

幼龄柿树的株行间存在较大的空地。为了提高土地的利用效率，在不影响柿树正常生长发育的前提下，可以进行柿园间作。但间作时应注意以下几点：①间作物仅限于幼年柿树行间或空缺的隙地，并且应留出树盘，间作物距离树干至少80厘米以上，在柿树树冠基本封行后不再间作；②在无灌溉条件的柿园，应选择生长期不在干旱季节的间作物；③在柿树株间和树盘范围内，应保持清耕或除草免耕状态；④根据柿树和间作物的需求，分别加强各自的管理，防止或减少间作物与柿树争夺养分和水分。此外，间作物的植株应矮小，不影响柿园的光照条件，生长期应短，且需肥、需水高峰期应与果树错开。与柿树无共同的病虫害。最好有培肥土壤的作用。一般间作矮杆需肥水少的农作物，如花生、豆类、红薯、药材等，也可间作绿肥，山地丘陵柿园梯田外沿种绿肥，切忌种植秋季需水量较大的农作物。

图3-5 柿园间作红薯

（四）培植客土

在实行清耕管理的柿园中，地表径流往往会造成一定程度的水土流失。因此，每年冬季都需要引入外来肥沃土壤以加厚土层。客土的挑选和培植通常安排在冬季进行，选用的是富含养分的河泥、塘泥或田泥，每株树施用约100千克。待这些土壤风化后，再将其敲碎并铲平。值得注意的是，施用客土时切勿覆盖嫁接部位。

二、科学施肥

营养是果树生长与结果的物质基础。通过施肥可以供给果树生长发育所必须的营养物质，并不断改善土壤的理化性状，为果树生长发育提供良好的条件。科学施肥是实现果树高产、稳产、优质、低耗、高效和减少环境污染极其重要的环节。

（一）施肥类型与施肥时期

1. 基肥

基肥主要由有机肥料构成，辅以化肥。常见的基肥包括圈肥、堆肥、厩肥和绿肥等。基肥的施用通常安排在秋季收获后或春季土壤解冻至树木萌芽期间，不过，最佳施用时间是在果实收获后至土壤结冻前。施肥方式多样，包括放射状沟施、条状沟施、半环状沟施、全园撒施或穴施。基肥的施用量应占到全年施肥总量的80%以上。

2. 追肥

追肥主要使用速效性肥料，例如速效氮肥、磷肥和钾肥。幼树通常每年追肥一次，在枝条快速生长期进行。对于盛果期的树木，追肥时期包括新梢快速生长期、幼果膨大期和果实着色期。新梢快速生长期以施用氮肥为主，幼果膨大期则需要氮、磷、钾肥的合理配合，而果实着色期则以磷、钾肥为主。盛果期树木每年的施肥量大约为每公顷纯氮300千克、磷150千克、钾300千克。追肥的方法可以是放射状沟施、穴施或地面撒施等。

3. 叶面喷肥

叶面喷肥应在新梢开始生长后进行，整个生长季可喷施3—4次肥料，也可以与病虫害防治措施相结合。在果实着色前，可以使用 0.3% 的尿素溶液，而着色后则适宜喷施 0.3%—0.5% 的磷酸二氢钾溶液。喷肥的最佳时间是在上午 10 时前或下午 4 时后。

（二）肥料施用准则

①应优先选择符合标准规定的允许使用的肥料种类。

②城市生活垃圾必须经过无害化处理，并且质量达到国家标准后方可投入使用。严禁使用未经无害化处理的城市垃圾，或含有重金属、橡胶和有害物质的垃圾。

③农家肥料原则上应就地生产并就地使用。对于外来农家肥，必须确认其符合相关要求后方可使用。商品肥料及新型肥料必须通过国家相关部门的登记认证及生产许可。

④若施肥导致土壤或水源污染，或影响农作物生长，以及农产品无法达到卫生标准时，应立即停止使用这些肥料，并向省、市级无公害食品管理部门报告。同时，由这些肥料生产的食品不得继续使用无公害食品标志。

⑤限制使用的肥料包括含氯化肥和含氯复合肥。

三、灌水

在柿子产区，若年降水量低于 500 毫米，或即便超过此数值但分布不均，则需依据土壤湿度和气候条件进行适时灌溉。灌溉用水必须是无污染的，并且水质应满足相关标准。柿树的灌溉通常分为四个时期：萌芽前、新梢生长期间、果实膨胀期以及结冻前。特别是在华北地区，春季干旱、降水稀少且风多，因此建议在萌芽前和开花前分别进行一次充分的灌溉。此外，每次施肥后也应进行灌溉。常见的灌溉方法包括树盘灌溉、渗灌、穴贮肥水、沟灌和滴灌等。

灌溉量应根据树体的大小和土壤的湿度来决定，目的是使水分能够渗透到根系主要分布的深度（大约 40—50 厘米）。柿树相较于其他树种具有较强的耐旱性。据研究，保持土壤湿度在田间持水量的 50%—70% 之间，足以确保柿树正常的生理需求，并促进其健康生长和结果。灌溉后，如果能够覆盖地膜或草料，将更有效地保持土壤水分，减少水分的过早蒸发。

第六节 柿整形修剪及花果管理

一、树形管理

柿树是一种以强健的树干、枝条和芽点为主要结果方式的果树。为了构建稳固的树体结构，调节树势，促进早期结果，提升通风和光照条件，降低病虫害风险，并延长其经济寿命，实现立体结果、增加产量和提高果实品质，对柿树进行整形修剪是必不可少的。

（一）主要树形及其特点

1. 自由纺锤形

这种树形适合于株距2—3米，行距4—5米的种植密度。其结构特点包括：树干高度为60—80厘米，树高约3.5米。中心主干直立或略带弯曲，均匀分布着9—12个主枝。主枝可以不分层或分层排列，相邻主枝的间距至少为80厘米。主枝的开张角度为70°—80°，主枝上直接着生背斜侧的结果枝组，不配备侧枝。下层主枝较大，向上逐渐减小，形成纺锤形的树冠。

2. 疏散分层形

这种树形适用于株距3—4米，行距5—6米的种植密度。其结构特点为：树干高度为60—80厘米，中心主干直立，具有明显的生长优势，树高约4米。主枝在中心主干上分层排列，第一层有3—4个主枝，第二层有2—3个主枝，全树主枝总数不超过7个。同层主枝间距为20—30厘米，层与层之间保持80厘米的间隔。主枝的开张角度为50°—60°，每个主枝上配备3—5个侧枝，侧枝上再着生背斜侧的结果枝组。下层主枝较大，上层主枝逐渐减小，形成圆锥形或半椭圆形的树冠。

3. 多主枝开心形

这种树形适合于株距3—4米，行距4—5米的种植密度，尤其适用于土层较薄、肥力较低的环境。其结构特点包括：主干高度为80—100厘米，没有明显的中心主干，树高为3.5—4米。在树干顶端选留4—5个主枝，主枝的开张角度为45°—50°，向斜上方自然生长，各主枝间生长势相对平衡。每个主枝错落着生3—4个侧枝，主侧枝上着生结果枝组。主枝平衡生长，侧枝层性明显，树冠呈自然半圆形。

（二）整形修剪技术要点

修剪通常分为两个阶段：落叶后至萌芽前的休眠期修剪，以及萌芽后至落叶前的生长季修剪。

1. 自由纺锤形

（1）定干

定植后，在距地面80—100厘米处进行剪截以确定主干高度，确保第一芽位于迎风面，并对剪口下方4芽中的2—3芽进行刻伤处理。

（2）第一年的修剪

生长季修剪：选择第一芽枝或第二芽枝作为中心主干进行培养，及时去除所有根蘖。当其他新梢生长至60厘米时（大约在7月上旬至中旬），进行接枝并开角，角度应达到60°—70°。

休眠期修剪：对于抽枝较多且长势旺盛的树木，首先选择3—4个位置合适、角度适宜、长势均衡的枝条进行短截，长度为40—50厘米，并疏除主干上所有细弱枝；对于抽枝较少且长势较弱的树木，中心主干延长枝可在饱满芽处（约40厘米）短截，竞争枝应拉平并甩放，选择2—3个主枝在30—40厘米处短截。

（3）第二年的修剪

生长季修剪：发芽前后，在中心主干上选择位置合适的饱满芽进行刻伤，以促进新梢生长，防止光秃带形成。5月下旬至6月上旬，对过密的新梢进行疏间，并改变主枝上直立旺长新梢的生长方向。7月继续对主枝进行拉枝，以防止二次生长。

休眠期修剪：中心主干延长枝继续保留50—60厘米，并在饱满芽处短截，原有主枝在40—50厘米处短截，两侧生长的健壮枝条应缓放，同时在中心主干上再选择1—2个位置合适的枝条短截，作为主枝培养。

（4）第三年的修剪

生长季修剪：萌芽前后继续在中心主干及主枝延长枝上选择位置合适的饱满芽进行刻伤，及时去除过多过密的萌蘖枝。6 月上旬，对有生长空间的背上徒长性新梢进行压平，改变其生长方向，减缓生长速度。7 月继续对主枝开张角度，平衡各主枝间的生长势。

休眠期修剪：中心主干延长枝若长势过旺，需进行换头处理，在 50 厘米—60 厘米处饱满芽处短截，以平衡树势并防止过快的高生长。同时选择 2—3 个位置良好的枝条进行中短截作为主枝，其它 20—30 厘米长的健壮枝条缓放，利用其抽生结果枝结果，控制其过快的离心生长，缓和树势。

（5）第四年的修剪

生长季修剪：发芽前后对所有骨干枝延长枝及光秃部位选择位置合适的饱满芽进行刻伤，促发新梢。同时继续开张骨干枝角度，使主枝角度达到 70°—80°，临时性枝条拉平缓放。6 月以后，及时疏除萌蘖枝及生长部位不当的徒长枝、竞争枝。

休眠期修剪：此期各骨干枝延长枝不再短截，全部缓放。主枝两侧生长的健壮发育枝短截，培养结果枝组。20—30 厘米长的健壮枝条缓放，利用其抽生结果枝结果。对竞争枝分别对待，有空间的压平缓放，填补空间，其余全部疏除。对生长过长的临时性枝条及时回缩，培养中大型结果枝组。对下垂枝、细弱枝、冗长枝全部疏除。

（6）第五年及以后的修剪

生长季修剪：巩固骨干枝角度，防止反弹或梢角过小。控制各类结果枝组延伸生长速度，促使其圆满紧凑。同时疏除过密的徒长枝、竞争枝、细弱枝、冗长枝。

休眠期修剪：应疏缩结合，去弱留强，去远留近，及时进行局部小更新。利用徒长枝及时更新，培养新结果枝组。应注意利用副芽更新结果母枝，压低枝位。衰弱枝组和骨干枝延长枝应及时回缩到壮枝、壮芽处，抬高角度，去弱留壮，集中营养。

2. 疏散分层形

（1）定干高度

定干高度应设定在80—100厘米之间，在20—30厘米的整形带内确保有6—8个饱满芽。

（2）第一年修剪

生长季修剪：在发芽前，于剪口下方3—4个芽的位置进行刻伤，以损伤2—3个芽。及时控制竞争枝的生长。

休眠期修剪：选择直立生长的强壮枝条作为中心主干进行培养。对于生长旺盛、一年生枝条长度达到70厘米以上、一年内能选出3—4个主枝的植株，将中心主干在60厘米处进行短截，并同时选择3—4个生长健壮、角度和方位适宜的枝条，在40—50厘米处短截以培养为主枝，保留中庸枝作为辅养枝，疏除细弱枝；若生长较弱、一年内只能选出2个主枝时，中心主干延长枝在30—40厘米处短截，确保剪口下第三芽位于预选第三主枝的方位，所选留的主枝在30厘米处短截。

（3）第二至第四年修剪

生长季修剪：及时疏除过密的新梢，当有生长空间的新梢长度达到30厘米以上时，进行压平和改向处理。在第三、第四年发芽后，使用疏间和回缩方法控制中心主干上过密的长放枝和竞争枝。

休眠期修剪：培养上、下层主枝和侧枝，适当配置辅养枝。对主、侧延长枝在40—50厘米处短截；疏间或回缩过密枝和直立枝；利用中庸枝带头抑制中心主干过快的高生长，控制上下平衡关系。

（4）第五、六年修剪

生长季修剪：采用疏间、回缩、拉枝等措施控制层间及主枝上大辅养枝的数量和生长势，促使其向结果枝组转化。使用压平、曲别等方法控制直立新梢的生长。

休眠期修剪：按照树形要求，在配齐所有主枝的基础上，对树体结构进行调整，主要对层间及主枝上过密过大的辅养枝进行疏间或回缩，逐渐减少辅养枝的数量，尽快增加结果枝组，全树的主、侧延长枝或其它健壮枝均长放不短截，待结果后再回缩培养成短轴紧凑的结果枝组。

（5）丰产期树修剪

一般在休眠期进行修剪。当主侧枝头严重下垂变弱时，要及时抬高角度，保留壮头进行回缩复壮。疏缩结合，培养内膛背上结果枝组，防止结果部位外移。精细修剪，采用双枝更新或同枝更新修剪法，截留预备枝，促生健壮结果母枝，调节大小年结果幅度。利用徒长枝及时进行枝组间更新，培养新枝组，保证有效结果部位，延长盛果期年限。

3. 多主枝开心形

（1）定干高度

定干高度设定在 100—120 厘米之间，整形带内应包含 4—5 个饱满芽。

（2）第一年修剪

生长季修剪：新梢生长至超过 60 厘米时，将枝条角度调整至 45°—50°。

休眠期修剪：中心主干延长枝在 30 厘米处进行短截。挑选 3 个角度适宜、方位合适且生长均衡的枝条，在 40 厘米处短截以培养为主枝。同时，选择长势适中的直立枝条，在 30 厘米处短截。

（3）第二年修剪

生长季修剪：控制竞争枝的生长，去除过于密集的新梢，调整保留主枝的生长势。

休眠期修剪：对现有主枝在 40 厘米处进行短截，去除竞争枝和细弱枝，选择适当位置插入第四、五主枝，并在 60 厘米处短截。清除中心主干、直立向上过旺的枝条、水平枝及细弱枝，确保主枝层内间距大约为 30 厘米。

（4）第三、四年修剪

生长季修剪：在第四、五主枝的适当位置进行刻芽处理，以提高萌芽率并减少单枝生长量。在第一、二、三主枝的适当位置刻芽，促进斜生新梢的生长，作为第一侧枝进行培养。

休眠期修剪：调整树体结构，保持各骨干枝间生长的平衡。对于生长过旺的主侧枝，可以使用中庸枝条作为带头，并进行长放。对于生长较弱的主侧枝，继续使用壮枝带头，并在40—50厘米处短截。直立向上的徒长枝和细弱枝应全部去除，远离树干的甩放枝应及时回缩至壮芽壮枝处，以培养成紧凑的结果枝组。

（5）结果期后的修剪

参照疏散分层形树体结构的调整与修剪方法。

二、花果管理

（一）保花保果

柿树虽然容易开花，但其座果率却相对较低，这成为影响产量的一个关键因素。因此，为了提升柿树的产量，采取有效的保花保果措施是至关重要的。

1. 生理落果的原因分析

柿树的落花落果现象可以分为两种情况：一种是由外部因素导致，例如风灾、雹灾、病虫害等；另一种则是由于柿树自身的生理失调，即所谓的生理落果。生理落果通常发生在6月上旬至中旬，被称为“六月落果”。导致生理落果的原因主要包括以下几点。

（1）品种差异

不同品种的柿树生理落果的程度存在显著差异。据调查，大磨盘柿的落果率在20%—50%之间，甜心柿为39.4%，绵柿为47%—77%，莲花柿为69.5%，而大红袍柿的落果率则超过80%。

（2）营养不足

在营养生长与开花结实之间，始终存在营养物质分配的矛盾，而落花落果正是这种矛盾激化的体现。柿树虽然容易开花，但开花量大，消耗的营养也多。由于花芽形成的时间和位置不同，一些花芽发育不良，花蕾瘦小，争夺养分的能力较弱。在树体养分不足的情况下，这些花芽的生长发育会变得迟缓，最终导致脱落。此外，光照不足或过早的大量结果也可能导致树体后期营养储备不足，进而影响花芽的分化。

（3）修剪不当

修剪过轻或不进行修剪会导致枝叶重叠，相互遮挡，通风透光条件差，无效枝叶增多，影响有机物质的合成与分配。而过度修剪则会促使大量隐芽萌发，导致枝叶生长与果实生长争夺水分和养分，同样会造成落花落果。

（4）土壤水分不足或波动过大

在干旱天气下，土壤水分亏缺，根系吸水困难，影响光合作用的正常进行和矿物质的吸收利用，光合速率降低，有机营养积累减少，无法满足开花坐果和果实生长发育的需求。此外，土壤水分的剧烈波动，如久旱后突遇大雨，也会导致果实细胞从失水状态迅速转向过度充水状态，破坏代谢方式，进而引起落果。

（5）授粉不良

一些单性结实能力强的品种，如磨盘柿，不存在授粉问题。然而，其他品种，尤其是甜柿类品种，必须通过授粉才能正常结果。如果授粉不良，花和果实的生长发育过程中就会脱落。

2. 保花保果措施

针对导致落花落果的主要原因，我们可以采取以下措施来保护花朵和果实。第一，加强土壤、肥料和水分管理至关重要。通过合理施肥和浇水，我们可以改善土壤的理化特性，提升土壤肥力，增强树木的整体健康状况，保持适宜的土壤湿度，并减少水分波动，以维持树木正常的生理功能，这将显著提升坐果率。

第二，进行合理的修剪工作，保持树木结构良好，确保树木健康生长，减少无效枝叶的消耗，改善通风和光照条件，确保叶片与果实之间有适当的比例，平衡营养生长与生殖生长的关系，使树木能够合理承载负荷。

第三，花期环剥技术的应用。在初花期至盛花期对健康壮实的树木和枝条进行环状剥皮，可以显著提高坐果率。但需要注意的是，此技术不宜用于弱树或老树。

第四，叶面喷施肥料。在柿树的盛花期和果实快速生长阶段，通过叶面喷施 0.3%—0.5% 的尿素和 0.3%—0.5% 的磷酸二氢钾，不仅可以增强叶片的光合作用，还能显著提高坐果率。这一措施特别适用于山地和丘陵地区的柿园。

最后，对于那些自花结实能力差、需要授粉的品种，应合理配置授粉树或在必要时进行人工辅助授粉（尤其是在花期天气不佳的情况下），以提高坐果率。

（二）疏果

在6月中旬生理落果之后，对于座果率较高的树木，我们应进行疏果处理。具体方法有两种：首先，可以去除结果枝两端的小型果实和畸形果实，而保留位于第二、三、四节位上的健康果实；其次，当结果母枝上长出 3—4 个结果枝时，选择保留最顶端的 2—3 个结果枝以供结果，而将下部结果枝上的所有果实疏除，使其作为来年的预备枝条。

第七节 柿病虫害防治

一、主要病害及防治

（一）柿圆斑病

1. 症状

柿圆斑病为常发病，造成早期落叶，柿果提早变红，主要危害叶片，也能危害柿蒂。

2. 传播途径与发病条件

病原体为柿叶球腔菌，属于子囊菌亚门的真菌。该病菌通过未成熟的子囊果在病叶和落叶中越冬，次年 6 月中下旬至 7 月上旬，子囊果成熟并释放子囊孢子，这些孢子随风传播。子囊孢子通过气孔侵入植物体内，经过 2—3 个月的潜伏期，于 8 月下旬至 9 月上旬开始显现症状。9 月下旬，病情进入高峰期，病斑迅速扩散，直至 10 月上中旬导致大量落叶，此时病情扩展停止。圆斑病菌不产生无性孢子，因此每年仅发生一次侵染。

病菌的越冬数量以及病叶的多少，将直接影响到当年的初次侵染情况和病害的严重程度。在生产实践中，6—8 月的降雨情况会影响子囊果的成熟、孢子的传播以及发病程度。因此，如果前一年病叶较多，且当年 6—8 月的雨日多、降雨量大，则该病容易流行。此外，土壤贫瘠、肥料不足、树势衰弱的柿园，落叶较多，病情也较重。

3. 防治方法

在秋末冬初及时清除柿园内的大量落叶，并集中深埋或焚烧，以减少初次侵染源；增加基肥施用量，并在干旱时期及时灌溉柿园。在 6 月上中旬，即柿树落花后子囊孢子大量飞散前，喷洒 1 ∶ 5 ∶ 500 波尔多液或 70% 代森锰锌可湿性粉剂 500 倍液、65% 代森锌可湿性粉剂 500 倍液、50% 多菌灵可湿性粉剂 600—800 倍液进行预防。

（二）柿角斑病

1. 症状

主要危害叶片和果蒂，初在叶面现黄绿色至浅褐色不规则形病斑，病斑扩展后颜色加深，形成深褐色边缘黑色的多角形病斑，大小 2—8 毫米，上具小黑粒点。柿蒂染病多发生在蒂周围，褐色或深褐色，由蒂尖向内扩展，发病重的引致落叶和落果。

2. 传播途径与发病条件

病原体为柿尾孢菌，隶属于半知菌亚门的真菌类。该菌以菌丝体形态在病叶或病蒂中越冬，并于次年 5—6 月间，在适宜的温度和湿度条件下开始产生分生孢子，从而引发初次感染和再次感染。病蒂可在树上留存长达 2—3 年，而病菌能在其中存活超过 3 年，因此病蒂成为主要的初次感染源和疾病的传播中心。分生孢子通过风和雨传播，通过叶片背面的气孔侵入植物体内，其潜伏期为 25—38 天。

3. 防治措施包括

在休眠期彻底剪除树上残留的柿蒂以及发育不良和枯死的枝条，并清除园中的枯枝落叶，集中焚烧。在柿树集中种植的园片中，严禁混植君迁子，调整树体结构，以改善通风和透光条件；在 6—7 月期间，喷洒 1 ∶ 5 ∶ 400—600 倍的波尔多液 1—2 次，或者选择使用 70% 代森锰锌干悬粉 500 倍液。

（三）柿炭疽病

1. 症状

主要影响新梢和果实。新梢感染通常发生在 5 月下旬至 6 月上旬，起初在表面形成黑色圆形小斑点，随后颜色转为暗褐色，病斑扩展成长椭圆形，中心略微凹陷并出现褐色纵裂，其上出现黑色小粒点。果实感染多见于 6 月下旬至 7 月上旬，起初在果面出现针头大小的深褐色至黑色小斑点，随后扩展成圆形或椭圆形，边缘呈黄褐色。中心密布灰色至黑色呈轮纹状排列的小粒点，遇雨或高湿度环境时，会溢出粉红色粘性物质。病斑往往深入皮层以下，导致果内形成黑色硬块，果实早期脱落。叶片感染时，多发生在叶柄和叶脉，初为黄褐色，后变为黑褐色至黑色，呈长条状或不规则形状。

2. 传播途径和发病条件

病原为柿盘长孢菌，以菌丝体在枝梢病部或病果、叶痕及冬芽中越冬。翌夏产生分生孢子，借风雨、昆虫传播，从伤口或直接侵入。伤口侵入潜育期 3—6 天；直接侵入潜育期 6—10 天。高温高湿利于发病，雨后气温升高或夏季多雨年份发病重。

3. 防治方法

加强栽培管理，尤其是肥、水管理，防止徒长枝产生；清除初侵染源。结合冬剪剪除病枝，柿树生长期认真剪除病枝、病果，清除地下落果，集中烧毁或深埋。选择无病苗木及抗性强的品种。萌芽前喷一次波美 5 度石硫合剂，6 月上、中旬各喷一次 1 ∶ 5 ∶ 400 倍式波尔多液，7 月中旬及 8 月上、中旬各喷一次 1 ∶ 3 ∶ 300 倍式波尔多液或 70%代森锰锌可湿性粉剂 400—500 倍液。

二、主要虫害及防治

（一）柿绵蚧壳虫

寄主为柿、黑枣。危害特点 若虫及雌成虫吸食柿叶、枝及果实汁液。

1. 形态特征

雌性成虫呈椭圆形，体长约 1.5 毫米，宽约 1 毫米，颜色为紫红色，腹部边缘分泌出细小而弯曲的蜡质毛状物。雄性成虫体长约 1.2 毫米，双翅展开约 2 毫米，同样呈现紫红色。雄性成虫的腹部末端有一小性刺和一对长蜡丝。卵呈紫红色椭圆形，长度介于 0.3—0.4 毫米之间。若虫为紫红色扁椭圆形，周缘长有短刺状突起。雄性蛹壳呈椭圆形，长约 1 毫米，宽约 0.5 毫米，扁平，由白色绵状物质构成，体表有一道横向裂缝，将介壳分为上下两层。

2. 生活史及习性

在河北、河南、山东、山西、陕西地区，该物种每年可繁衍四代，而在广西地区则可达到五至六代。它们主要以初龄若虫形态，在二至五年生枝条的树皮缝隙中或柿蒂上越冬。在山东，若虫通常在 4 月中下旬开始活动，爬向新长出的嫩枝和叶片上造成损害，而到了5月中下旬，它们会羽化并开始交配。各代的卵孵化高峰期分别出现在：第一代在6月上中旬，第二代在7月中旬，第三代在8月中旬，第四代则在9月中下旬。早期损害主要集中在嫩枝和叶片上，而后期则转向果实。第三代的损害最为严重，导致嫩枝出现黑斑并可能枯死，叶片畸形并提前脱落，果实表面出现黄绿色小点，严重时果实会凹陷变黑或木栓化，幼果容易脱落。到了10月中旬，第四代若虫开始转移到枝条和柿蒂上越冬。该物种主要通过接穗和苗木进行传播。

3. 防治方法

在早春时节刮除树皮，即每年2月中旬之后，清除全树枝干上的老翘粗皮，并摘除残留的柿蒂，随后集中焚烧。利用天敌如黑缘红瓢虫、红点唇瓢虫等进行生物防治。在萌芽前对整棵树喷洒波美5度的石硫合剂，以消灭越冬的若虫。在5月上中旬及卵孵化高峰期，喷洒50%敌敌畏1000倍液或毒死蜱进行化学防治。

（二）柿蒂虫

柿实虫，又名柿食蛾，其寄主植物包括柿树和黑枣树。该害虫主要以幼虫蛀食果实危害，同时也侵害嫩梢。幼虫通常从果实的梗部或蒂部侵入，导致幼果干枯，成熟果实则会提前软化并脱落。

1. 形态特征

雌性成虫体长约7毫米，翼展在15—17毫米之间，而雄性成虫略小。它们的头部呈黄褐色，具有光泽，复眼为红褐色，触角呈丝状。身体为紫褐色，胸部中央为黄褐色，翅膀狭长，边缘的毛较长。腿部和腹部末端呈黄褐色。卵呈近椭圆形，乳白色，长约0.5毫米。幼虫体长大约10毫米，头部黄褐色，前胸盾和臀板为暗褐色，胸足浅黄色。蛹长约7毫米，呈褐色。茧为椭圆形，长约7.5毫米，颜色为污白色。

2. 生活史与习性

一年内可完成两代生命周期，老熟幼虫会在树皮缝隙或树干基部附近的土壤中结茧越冬。越冬幼虫通常在4月中旬至下旬开始化蛹，5月上旬成虫开始羽化，而5月下旬至6月上旬是成虫羽化的高峰期。成虫主要在白天静止于叶片背面，而夜间则活跃。卵通常产于果梗或果蒂的缝隙中，第一代幼虫在5月底开始造成损害，6月中旬至下旬为损害高峰期。这些幼虫多从果柄蛀入幼果内部，其粪便排在孔外。一头幼虫可损害4—6个果实，它们会在果蒂和果实基部吐丝缠绕，导致受害果实不易脱落。受害果实由青色变为灰白色，最终变黑干枯。6—7月间，幼虫成熟，部分在果实内部，部分在树皮裂缝中结茧化蛹。蛹期持续约10天，第一代成虫的盛发期大约在7月中旬。第二代幼虫从7月中旬至下旬开始造成损害，损害高峰期为8—9月。它们在柿蒂下蛀食果肉，导致受害果实提前变红、变软并脱落。8月下旬以后，幼虫陆续成熟并进入越冬状态。

3. 防治措施

土壤解冻后应立即深翻树盘。在8月中旬之前，于大枝基部绑上草把，以诱杀成熟幼虫，冬季时解下并焚烧。在发芽前刮除老翘皮，并及时摘除被虫害的果实。在6月上旬（生理落果前）和8月上旬喷洒氰戊菊酯、甲氰菊酯、氯氰菊酯、敌敌畏等药剂进行防治。

（三）舞毒蛾

该害虫也被称为柿毛虫，隶属于鳞翅目毒蛾科。它的寄主范围广泛，包括苹果、梨、杏、李、樱桃、山楂、柑桔、柿和核桃等超过500种植物。其危害特征表现为幼虫以食叶为主，同时也会啃食果皮，严重时甚至能将叶片完全吃光。

1. 形态特征

成虫雌雄异型。雄性体长18—20毫米，翅展45—47毫米，呈暗褐色。头部为黄褐色，触角呈羽状褐色，背部侧边为灰白色。雌性体长25—28毫米，翅展70—75毫米，颜色为污白微黄色。触角为黑色短羽状，前翅上的横线与斑纹与雄性相似，为暗褐色。腹部肥大，末端密布黄褐色鳞毛。卵呈卵圆形或椭圆形，直径0.9—1.3毫米，初为黄褐色，后渐变为灰褐色。幼虫体长50—70毫米，头部黄褐色，胸部和腹部的足为暗红色。蛹长19—24毫米，初为红褐色，后变为黑褐色。

2. 生活史及习性

该虫一年发生一代，以卵块在树体、石块、梯田壁等处越冬。当寄主植物发芽时，卵开始孵化。初龄幼虫多在日间群居，夜间觅食。2 龄后，幼虫分散取食，日间则栖息于树叉、树皮缝隙或土石缝隙中，傍晚时分成群上树取食。幼虫期持续 50—60 天，6 月中下旬开始陆续成熟并爬至隐蔽处结茧化蛹，蛹期为 10—15 天。到了 7 月，成虫大量羽化。成虫具有趋光性，雄性白天在树冠枝叶间飞舞，而雌性体型较大且笨重，很少飞行。

3. 防治方法

早春时节，结合修整地堰，应刨树盘搜杀卵块。4 月上旬，可在树干通直光滑处涂上 10 厘米宽的触杀剂药环，以阻止其上树危害；利用幼虫白天潜伏树干基部的习性，在树干基部堆砌砖石瓦块，诱集 2 龄后幼虫，白天进行捕杀。在 3 龄前幼虫大量上树危害时，应全株喷布辛硫磷、氰戊菊酯、甲氰菊酯、氯氰菊酯等药剂进行防治。

（四）草履蚧

该害虫也被称为草履硕蚧、草鞋介壳虫或柿草履蚧，属于同翅目硕蚧科。其寄主植物广泛，包括柿树、核桃、山楂、梨树、苹果、桃树、杏树、李树、樱桃、枣树、栗树、柑桔、荔枝以及无花果树等。其危害特点在于若虫和雌性成虫通过刺吸嫩枝芽、枝干和根部的汁液，削弱树木的生长势，进而影响产量和果实品质，严重时甚至导致树木枯死。

1. 形态特征

雌性成虫体长约 10 毫米，呈椭圆形，背面隆起类似草鞋，颜色从黄褐色到红褐色不等。触角为黑色并覆盖有细毛，胸部的三对足发达且同样被细毛。雄性成虫体长介于 5—6 毫米，翅展为 9—11 毫米，头部和胸部为黑色，腹部则为深紫红色。卵呈椭圆形，长约 1—1.2 毫米，淡黄褐色且表面光滑，产于卵囊内。若虫的体型与雌成虫相似，但体积较小且颜色较深。雄性蛹呈褐色，圆筒形，长约 5—6 毫米。

2. 生活史及习性

该虫一年发生一代，卵在 1 月底开始孵化。初孵若虫首先聚集在根部和地下茎部吸食汁液，随后逐渐向上迁移至树上，最初多聚集在嫩枝和幼芽上危害，行动较为迟缓。随着体型增大，它们更倾向于在较粗的枝条阴面群集危害。雄性若虫经过两次蜕皮后成熟，并在土缝或树皮缝隙等隐蔽处分泌绵絮状蜡质茧化蛹，蛹期大约为 10 天。雌性若虫则需蜕皮三次后羽化为成虫。羽化期主要集中在 5 月中旬至 6 月上旬，交配后雄虫死亡，而雌虫则继续危害直至 6 月，之后陆续下树入土并分泌卵囊，以卵越夏越冬。

3. 防治方法

建议在秋末冬初对树盘进行 10 厘米深的刨翻，并拣出土壤中的卵囊，集中烧毁。在 12 月下旬至次年 1 月上旬，对树干光滑处涂抹粘虫胶、胶带或绑塑料布裙，以阻止初龄若虫上树危害；在萌芽前喷布波美 3°—5° 的石硫合剂，若虫发生期可使用菊酯类、敌敌畏等药剂进行防治。

（五）柿斑叶蝉

又名柿血斑小叶蝉，柿水浮尘子，血斑浮尘子。其寄主包括柿树、枣树、桃树、李树、葡萄树、桑树等。

1. 形态特征

成虫体长约 3 毫米，全身呈浅黄白色。头部向前延伸成钝圆锥形，具有两个淡黄绿色的纵条斑，复眼为浅褐色。卵呈白色，长形略弯曲。若虫体长 2.2—2.4 毫米，与成虫相似，但体形略扁平，呈黄色，体毛白色明显，前翅芽为深黄色。初孵若虫呈淡黄白色，复眼为红褐色。

2. 生活史及习性

在山东、河北、河南地区，该虫一年发生三代，以卵在当年生枝条的皮层内越冬。次年春季，大约在 4 月中下旬开始孵化，5 月上中旬为孵化高峰期，随后在 5 月中下旬开始羽化；第二代若虫在 6 月中旬开始孵化，7 月上旬开始羽化；到了 9 月中旬，第三代成虫开始出现，并在秋季产卵于当年生枝条皮层内越冬。成虫和若虫偏好栖息在叶片背面，常群集在叶脉两侧刺吸植物汁液。

3. 防治方法

在若虫大量出现的时期，即 4 月中旬至 5 月上旬，喷施敌敌畏、辛硫磷、氰戊菊酯等药剂进行防治。

（六）金龟子

危害症状：金龟子属于多食性害虫，其中东方金龟子和苹毛金龟子的越冬成虫对柿树构成主要威胁。这些害虫在萌芽期出现，以取食嫩芽和幼叶的方式造成严重损害。

1. 形态特征

金龟子成虫通常呈椭圆形或长椭圆形，触角呈鳃叶状。雄性个体比雌性大，前足胫节外侧具有硬齿，适合挖掘土壤。卵呈乳白色，椭圆形，产于土壤中。幼虫头部发达，体色黄白，身体肥胖且多皱，向腹面弯曲呈“C”形，末节膨大，具有三对发达的足，头部为黄褐色或褐色，俗称蛴螬。蛹为裸蛹，初为白色柔软，后逐渐变为浅褐色。

2. 防治方法

利用金龟子的假死性，在成虫危害期，于树下铺设塑料布，摇动树体以捕捉成虫；利用成虫的趋光性，在果园设置振频式杀虫灯或黑光灯进行诱杀。利用金龟子的趋化性及对糖酸液的敏感性，在园内设置糖醋液或烂果混合少量敌百虫的容器进行诱杀。破坏越冬场所，减少越冬虫源。防治幼虫可使用 5% 辛硫磷颗粒剂处理土壤。在生长期，可喷洒 90% 晶体敌百虫 800—1000 倍液；保护金龟子的天敌，如土蜂、胡蜂、步行虫、白僵菌、刺猬、青蛙，以及益鸟类如大山雀、灰喜鹊、大杜鹃等。

第四章 枣栽培管理技术

第一节 概述

枣树，属于鼠李科枣属，起源于我国黄河中下游地区，是中国传统的五大果品之一。其果实不仅味道酸甜，而且营养价值丰富，能够补中益气、养血安神，是一种兼具药用和食用价值的食品。据研究显示，枣果富含人体必需的氨基酸及其他多种营养素，包括多糖等具有特殊功能的营养成分。鲜枣具有高含量的碳水化合物、维生素C、环磷酸腺苷以及钾、钙、铁、锌等矿物质。此外，枣果还含有大量的多糖、膳食纤维、三萜酸和维生素B等有益成分。

枣树是世界上最古老的栽培果树之一，拥有超过7000年的种植历史。枣树从栽植到开花结果仅需一年时间，对干旱、贫瘠和盐碱土壤具有很强的适应性，同时对水分和肥料的需求量较低，因此具有较低的栽培管理成本。这使得枣树成为半干旱地区进行国土绿化、环境保护以及帮助农民增收的优选经济树种。据2020年的数据显示，沾化冬枣的产量达到了2.75亿千克，销售收入达到29.9亿元，产业总产值达到37.1亿元，而枣农的人均纯收入也达到了1.07万元。河北省林业数据管理系统显示，截至2021年末，河北省的枣树栽培面积达到了95723公顷，年产量为287342吨（以千重计）。枣果不仅可加工成蜜枣、乌枣、南枣、醉枣、罐头、枣泥、枣酱、枣粉、枣汁、枣片、枣茶、枣酒、滋补精、烟用香精、食用红色素等产品，还适用于生产膳食纤维、多糖和环核苷酸糖浆等功能性食品，展现了极高的加工利用价值。

图 4-1 太行山区枣园（左）、枣加工产品（右）

我国的枣产业正在经历迅猛的发展，并取得了显著的成就。然而，这一进程中也暴露出一些问题。例如，优质枣品种的推广速度缓慢。在山西、河北、山东、河南等传统枣产区，大多数枣树的栽培和管理方式较为粗放，导致病虫害问题严重，生产水平低下，经济效益不佳。以保定市的阜平、唐县、曲阳等县市为例，仅阜平县的枣树栽培面积就达到了 8903 公顷，占河北省栽培面积的 1/10。近年来，北方多数枣区在枣果成熟季节遭遇连绵雨水，导致枣果容易裂开和腐烂，产量虽高却难以实现丰收，有些年份甚至接近绝产，给枣树生产带来了巨大损失，严重打击了枣农的积极性。一些枣农因此放弃管理，甚至在某些枣区出现了砍伐枣树的现象，这对枣产业的持续发展极为不利。除此之外，市场上早熟的优质鲜食枣品种稀缺，鲜枣的贮藏保鲜技术尚需改进，市场销售链较短，未能实现鲜枣的全年供应。枣果深加工产品种类不够多样化，外销出口量有限，枣树的生产潜力和枣的保健功能未能得到充分利用。

本章通过综述枣树栽培品种、苗木培育、建园与栽植、园土肥水管理、整形修剪以及病虫害防治等六个方面，向读者展示枣树栽培管理技术的全貌。这将为合理化栽培管理枣树奠定基础，合理控制种植管理成本，实现枣树的标准化生产，提高枣果品质，进而推动鲜枣产业和枣加工产业的持续、健康发展。

第二节 栽培品种

我国的枣树种质资源极为丰富。河北省作为传统的枣树主要产区，目前拥有超过 120 个栽培品种。除了北部的少数县市外，全省已初步划分为六个栽培区域：太行山低山丘陵栽培区，冀东南平原子牙河流域栽培区，冀南漳河流域栽培区，冀南滏阳河流域栽培区，冀中南滹沱河流域栽培区以及燕山低山丘陵栽培区。全省大枣的栽培面积超过 180 万亩，主要分布在太行山区的行唐、赞皇、阜平、曲阳、唐县等地；小枣的栽培面积为 170 万亩，主要分布在黑龙港地区的沧县、献县、泊头、盐山、海兴、黄骅、青县、大城等地；冬枣的栽培面积为 56 万亩，主要集中在黄骅、献县、海兴、沧县等地。全省红枣栽培面积超过 10 万亩的县有 14 个，其中沧县的栽培面积高达 52 万亩。主要栽培品种包括冬枣、赞皇大枣、婆枣、金丝小枣、月光枣等。接下来，我将介绍这些主要栽培品种的详细信息。

一、冬枣

冬枣，又名黄骅冬枣、鲁北冬枣、沾化冬枣、冻枣、雁过红、果子枣、苹果枣、水枣冰糖枣等。冬枣的分布范围广泛，山东的乐陵、庆云、无棣、沾化、在平、章丘等地，以及河北的黄骅、盐山等地均有种植。在河北黄骅的齐家务，有成片集中栽培的数百岁高龄枣树，面积达上千亩。

图 4-2 冬枣

冬枣树的果实通常在10月上旬至中旬达到成熟并可进行采收，其整个生育周期大约为125—130天。这种水果的主要经济特征包括其近圆形的外观，类似小苹果的形状，平均重量约为11.5克，最大可达35克。枣核呈短纺锤形，纵向直径为1.6厘米，横向直径为0.8厘米，核重约0.33克，大多数情况下含有饱满的种子。冬枣树的体型中等偏大，树姿开展，分枝能力强，自然形成半圆形的树冠。树干呈灰褐色，有宽条状的裂纹，表面粗糙且易于剥落。枣树的新生枝条为紫褐色，针刺退化。叶片呈圆形，两侧略向叶面皱起，颜色为深绿色，光泽较暗，叶尖尖锐，先端钝圆，叶基圆形，边缘带有细浅的锯齿。花朵较小，直径约6毫米，初开时蜜盘呈黄色，属于夜开型。

综上所述，冬枣果树的树体中大，树姿开张，成枝力强；早果性、丰产性一般；果实极晚熟，中大，鲜食品质极上，耐贮藏；对肥水条件要求较高，抗旱、抗寒性弱，对溃疡病、轮纹病、炭疽病、褐腐病等果实病害抗性一般，裂果极轻；在北京以南地区均可正常生长。

二、金丝小枣

金丝小枣，也称小枣，起源于河北省与山东省的交界地区，拥有悠久的栽培历史。当其果实晒至半干时，果肉可被拉成长达6—7厘米的金色细丝，因此得名“金丝小枣”。

金丝小枣通常在9月下旬达到完全成熟，整个生育期大约持续100天。其果实小巧，形状多样，包括圆形、柱形、鸡心形、倒卵形等，平均重量约为5克。果皮薄而鲜红，果肉呈乳白色，质地紧密且脆嫩，汁液适中，味道微甜并略带酸味。新鲜的金丝小枣含有34%—38%的可溶性固形物，维生素C含量高达560毫克/100克，可食用部分占96.0%，而干燥后可得率为56.5%。晒干后的金丝小枣果型圆润饱满，肉质细腻且富有弹性，皮薄且色泽深红、光亮，表面皱纹细而浅。果核呈梭形或长梭形，两端稍尖，平均重量为0.25克，某些品种的果核内含有种子。

图 4-3 金丝小枣

金丝小枣的树体中等大小，其果实具有薄皮厚肉的特点，核相对较小，质地细腻，糖分含量高，口感甘美。尽管该品种不抗裂果，但其耐贮运性能良好，既适合制作干枣，也适宜鲜食，整体品质上乘。金丝小枣的树冠通常呈疏散分层状，树干为浅灰褐色，表面粗糙，有宽条状的纵纹，易于剥落。枣头呈灰黄色，阳面颜色较浅，表面覆盖一层白色浮皮，缺乏光泽。针刺较为发达，二次枝略显下垂。枣股呈圆柱形或圆锥形，枣吊较短。叶片较大，呈卵状披针形，颜色为绿色，叶尖渐尖，顶端圆润，基部宽阔圆润，边缘平滑或略呈波状，具有 12 道不规则波褶，锯齿浅而圆润，排列不甚规则。花朵数量众多，属于昼开型。

综合来看，金丝小枣的树体适中，树势中等；其结果期稍晚，但一旦进入盛果期，产量丰沛且稳定。果实品质优良，具有薄皮、厚肉、小核、细腻质地、高糖分和甘美口感的特点，尽管不耐裂果，但耐贮运，适合加工成干枣，同时也可以鲜食。金丝小枣对风土的适应性较弱，因此更适合在气候温暖、果实成熟期少雨的地区种植发展。

三、婆枣

婆枣，也称串干、阜平大枣、新乐大枣，以及枣强婆枣，是一种广泛分布的品种，尤其在河北省西部地区为主栽品种。其主要产区集中在太行山中段的阜平、曲限、唐具、新乐、行唐等浅山丘陵地带，同时衡水、沧州等地也有种植。

婆枣的果实通常在9月下旬成熟并开始采收，其生长发育期大约为105天。

该品种的果实特征为长圆形或卵圆形，侧面略显扁平，大小较为一致。平均单果重量约为 11.5 克，最大可达 24.0 克。果皮较薄，呈棕红色，果肉为乳白色，质地较为疏松且汁液较少。婆枣含有约 26% 的可溶性固形物，可食率为 95.4%，而制干率为 53.1%。干枣中含有的可溶性糖高达 73.2%，可滴定酸为 1.44%，肉质松软，弹性较差，味道清淡。果核呈纺锤形，纵径约 2.1 厘米，横径约 0.8 厘米，核重约 0.53 克，含仁率大约为 17%。

婆枣的树体高大，树干强健，树姿直立，树冠呈直展的圆头形或乱头形。树干为灰褐色，具有浅裂纹，呈宽条状，易于片状剥落。枣头呈紫褐色，覆盖着灰白色的厚蜡质表皮。针刺发达，不易脱落。二次枝较短，向下弯曲成弓背形。枣股呈圆柱形，枣吊短而细。叶片为卵圆形，深绿色，叶尖短，先端圆钝，叶基平或广园，叶缘平整，锯齿浅圆。花量较少，属于昼开型。

图 4-4 婆枣

综上所述，婆枣树生命力旺盛，具有强大的生长势和良好的丰产性，尽管发枝能力较弱；其果实形状均匀，果肉厚实，干制率较高，非常适合加工成红枣和蜜枣，品质优良；此外，婆枣树对环境的适应性极强，能够耐受干旱和贫瘠的土壤条件，其花期能够承受较低的温度和湿度，因此特别适合在成熟期降雨量较少的地区种植。

四、赞皇大枣

赞皇大枣，也称金丝大枣或大蒲红枣，以其干制后的卓越品质，堪比金丝小枣，因此赢得了“金丝大枣”的美誉。这种枣是我国目前发现的唯一自然三倍体品种。它原产于河北省赞皇县及其周边地区，是当地的主要栽培品种，其品种起源尚不明确。赞皇大枣在赞皇县已有超过 400 年的种植历史，在 20 世纪 70 年代，它被引入新疆南部，并且表现出了极佳的适应性。

赞皇大枣通常在 9 月下旬成熟，整个生长周期大约为 110 天。其果实呈长圆形或倒卵形，平均重量为 17.3 克，最大可达 29 克，大小均匀。果皮为深红褐色，质地较厚。果肉接近白色，质地紧密细腻，汁液适中，味道甜中带微酸。果实含有 30.5% 的可溶性固形物，可食率为 96%，干制后的红枣形状饱满，富有弹性。果核呈纺锤形，纵径为 2.20 厘米，横径为 0.80 厘米，核重 0.70 克，且核内无种子。

赞皇大枣的树体高大，树姿直立或半开张，树冠多呈自然圆头形。主干为深灰色，具有长条形、宽而深的裂纹，树皮不易剥落。枣头呈浅棕褐色，节间较长，表面覆盖着一层薄薄的、易抹去的灰白色蜡质物。针刺不发达，容易脱落。二次枝向下弯曲不明显。枣股呈圆柱形。叶片大，心形或宽卵圆形，深绿色，叶尖渐尖，先端钝圆或锐尖，叶基广圆形或亚心形，叶缘具有粗锯齿，齿刻深，齿尖圆。花量大，花径也大。

图 4-5 赞皇大枣

综上所述赞皇大枣树体较高大，树姿直立或半开张；坐果稳定，产量较高；果实品质优良，适于干制红枣和蜜枣，也可鲜食，用途广泛；适应性较强，耐瘠耐旱，适于北方日照充足，夏季气候温热的地区发展。

五、月光枣

月光枣主要分布在河北省太行山区。其果实经济性状表现为两端尖细的近橄榄形，单果重约10—13克。果皮薄而呈深红色，表面光滑。果肉质地细脆，富含汁液，酸甜可口，风味浓郁，可食率达到96.8%。完全成熟的果实含有28.5%的可溶性固形物，25.4%的可溶性糖，以及0.26%的可滴定酸。果核非常小，平均重量仅为0.27克，呈长梭形。种子饱满，含仁率高达66%。月光枣树生长势态适中，分枝能力较弱，但干性较强，新枣头的托叶刺不显著，却具有强大的结果能力。在露地栽培条件下，三年生的月光枣树平均产量可达5千克，而四年生的树产量可超过8千克。若采用普通塑料大棚栽培，第二年平均株产可达700克，且果实可提前20—30天上市。

综合来看，月光枣树具有适中的生长势态和较弱的分枝能力，但干性较强，新枣头的托叶刺不发达，却具备显著的高结果能力。其果实具有薄而光滑的深红色果皮，细脆多汁的果肉，酸甜适中的口感和浓郁的风味。月光枣适宜在辽宁省沈阳市以南的地区栽培，无论是山区还是平原地带均适宜种植。

图4-6 月光枣

第三节 苗木培育

一、种子的采收、贮藏及处理

为了避免杂交导致砧木苗在生长势和抗性上出现变异，从而影响嫁接树的统一性和抗逆性，我们必须确保种子充实、饱满且整齐划一。为此，应在果实完全成熟后进行采收。

在种子贮藏过程中，影响其生理活动的关键因素包括种子的含水量、贮藏温度、湿度以及通气状况。经验表明，贮藏种子的安全含水量与种子完全风干后的含水量大致相同。为了保证种子贮藏的安全性，应将相对湿度控制在 50%—80% 之间，温度维持在 0° —8° ，并确保良好的通风条件。同时，还需注意防范虫害和鼠害等问题。

对于枣树种子，在播种前需要进行适当的预处理，例如层积处理、浸种处理和激素处理等。这些处理方法有助于打破种子的休眠状态，提高种子的发芽率和发芽势，这对于提升苗木的质量和数量具有至关重要的作用。

（一）层积处理

确定层积处理的起始时间应依据当地的春播日期以及种子完成后熟所需的时间来计算。若层积过早，由于播种期尚未到来，种子可能会过度发芽，导致播种后出土困难；而层积过晚，则种子可能尚未完全后熟（即未打破休眠状态），从而降低播种后的出苗率。在层积之前，种子需要先进行浸泡，确保吸足水分后再进行层积处理，通常使用清水浸泡 12—24 小时。

选择层积方法时，应在地势较高的背阴处挖掘沟（或坑），沟深约 40 厘米，宽度为 50—80 厘米，长度则根据种子的数量而定。对于已经浸泡或经过其他处理的种子，应与湿沙混合，比例大约为种子与湿沙的重量比为 1 ： 5—1 ： 6。湿沙的湿度应适中，即手握成团但不滴水。在层积时，沟底先铺设 3—5 厘米厚的湿沙，然后放入混合了湿沙的种子，当种子层距离地面约 5 厘米时，上面覆盖一层苇席或其他透气材料，再用湿沙填平，最后覆土形成垄背。覆土的厚度应根据冻土层的厚度来决定，以确保种子层不会结冰。当种子量较大时，层积沟每隔约 1.5 米应立一个直径约 10 厘米的秸秆把，以利于种子层的通风换气。层积沟的四周还应挖掘排水沟。

从 2 月中旬开始，每 6—7 天检查一次种子情况，到了 3 月份，则应每 2—3 天检查一次。若种子过于干燥，可适量加水，并翻动种子，以确保温度均匀，促进种子发芽整齐。当大约 20% 的种子开始萌芽时，即可进行播种。应优先挑选已经发芽的种子进行播种，而尚未发芽的种子则需经过催芽处理后再播种。

（二）浸种处理

浸种处理分为三种类型：冷水浸种（自然水温）、热水浸种（40 ℃—70 ℃）和开水浸种（90 ℃—100 ℃）。在实际生产中，通常采用前两种方法。

在春季，对于那些无需层积处理即可发芽的砧木种子，我们常采用冷水浸种。播种前，将种子取出并浸泡 5—7 天，期间每 1—2 天更换一次水。对于大量种子，可以装入编织袋中，然后将其浸泡在水中。一旦种子吸足水分，就可以进行催芽或播种等后续处理。

热水浸种适用于未经层积处理的种子。在春季播种前大约一个月（越早越好），使用种子量 2—3 倍的 70 ℃左右热水进行处理。将热水倒入种子中后，不断搅拌直至水温降至 30 ℃停止。对于带硬壳的种子，建议浸泡 5—7 天；而对于其他种子，则浸泡 1—3 天，并在中间每隔 1—2 天更换一次水。当种子吸足水分后，与湿沙混合进行层积处理。对于有条件或已经过适宜层积期的种子，可以存放在 0 ℃—6 ℃的恒温库中进行层积；少量种子则可置于冰箱冷藏室。层积大约 30 天后，通常会进行催芽处理，然后播种。由于热水浸种处理的种子发芽率通常低于正常层积处理的种子，因此在催芽后应根据发芽情况来确定播种量。一般情况下，我们会挑选已发芽的种子进行播种，而未发芽的种子则继续进行催芽处理。

（三）激素处理

激素处理能有效地克服种子内部抑制剂导致的休眠状态，减少层积处理所需的时间，并提升种子的发芽率。目前，赤霉素（GA3）、萘乙酸（NAA）、吲哚乙酸（IAA）、6- 苄基腺嘌呤（6-BA）以及 ABT 生根粉等物质，作为促进发芽的活性剂，广泛应用于果树和林木的育苗过程中，尤其是赤霉素、萘乙酸和 ABT 生根粉的使用更为普遍。在层积处理前，通过使用 100—200 毫克 / 升的赤霉素，或 300—500 毫克 / 升的萘乙酸，或 30—50 毫克 / 升的 ABT 生根粉浸泡种子 12 小时，可以显著地提前种子的发芽时间并提高发芽率。

（四）种子催芽

在播种前，调节温度和湿度至关重要，这有助于为种子创造一个理想的发芽环境，从而促进种子更早发芽和提高发芽率。播种后，这将确保幼苗更早、更整齐地出土，进而节省劳动力。种子经过催芽处理后，应根据发芽率来确定播种量。未发芽的种子播种后会导致出苗延迟，容易出现缺苗和断垄现象；而没有硬壳保护的种子，播种后出苗较早，可以避免病虫害的侵袭。

在播种前的 2—3 周，选择一个背风向阳的地块，挖掘一个深约 30 厘米、宽约 100 厘米、长度根据种子量而定的长形坑。取出经过层积处理的种子，筛除多余的沙子（种子与沙的比例大约为 1 ： 2），对于未经层积处理的种子，经过浸种等预处理后，与两倍体积的湿沙混合，然后将混合物放入坑中，覆盖厚度约为 20 厘米。种子上方覆盖地膜以保持湿润，坑上搭建农膜棚。在夜间或阴雨天气，覆盖草苫等保温材料以保持温度；晴朗的日子里，揭开草苫以利用阳光增温，同时当种子层温度超过 25 ℃时，应适当通风降温。每隔 2—3 天喷水一次，每 4—5 天翻动种子一次，当种子开裂或露出白色时即可播种。如果具备空调条件，可以在室内进行种子催芽，保持室温在 25 ℃左右，并确保保湿和定期翻动种子，待种子发芽后进行播种。

（五）综合处理

综合处理，即结合使用两种或多种方法来打破种子的休眠状态，可以更有效地促进种子发芽，减少层积所需时间，并提高发芽率。通常，这一过程包括热水浸泡种子、暴晒以使壳体裂开、激素处理、层积处理以及催芽等步骤。对于那些通过常规处理就能成功打破休眠的种子，一旦层积处理后发芽，便可以直接播种，无需采用那些复杂、耗时且耗材的综合处理方法。

二、实生苗培育

（一）催芽方法和播种时间

春季播种前，种子需经过催芽处理。通常在 12 月至次年 1 月期间，将种子清洗干净去除果肉后，与等量细沙混合均匀，然后放置于预先挖掘好的种子处理坑中（深度为 80—100 厘米，宽度约为 100 厘米，长度则根据种子数量而定），或者堆放在地面上，厚度为 40—60 厘米，周围用沙土堆成埂，灌满水至种子上方 10—20 厘米。待水渗透或结冰后，覆盖 20 厘米厚的沙土越冬。对于未经冬季储藏催芽的种子，播种前可以先用约 50 ℃的温水浸泡 2—3 天，清洗干净后，在室外向阳处摊开，覆盖麻袋或塑料薄膜保湿催芽，或者使用马粪进行催芽。当部分种子开始露出白色尖端时，即可进行播种。然而，这种方法催芽的效果不如冬季沙藏催芽处理。春季播种的时间为 3 月中下旬至 4 月中旬；秋季播种则在 10 月下旬至 11 月上旬，秋季播种的种子无需催芽处理，播种后灌水越冬即可。

（二）播种方法

播种量通常设定在每亩 30—50 千克。一般采用行距为 25—30 厘米的大田条播方式，或者行距 20 厘米、带距 30 至 40 厘米的 3—4 行式带状条播。在民和地区，人们更倾向于使用行距 20—30 厘米、带距约 1.5 米的双行式条播，并在行间开挖小沟进行细流灌溉。播种深度应控制在 3—5 厘米之间，种子一般在 4 月下旬至 5 月中旬开始发芽，6 月上旬进行间苗，保持苗距大约 5 厘米，每亩地保留约 3 万—4 万株幼苗。在幼苗生长旺盛的 7—8 月份，需要加强抚育管理，包括松土、除草、灌溉、追肥和防虫等措施。经过精心培育，当年幼苗的高度可达 30 厘米以上，地径达到 0.4 厘米以上，此时即可出圃用于造林。

三、嫁接苗培育

在选择砧木时，首要考虑的是它对接穗的生长和结果应有积极的影响；其次是砧木需对当地的自然条件具有较强的适应性；此外，还应易于繁殖，以便大量生产。通常使用的砧木包括栽培的枣实生苗、酸枣实生苗以及铜线树。由于枣和酸枣实生苗的二次枝具有针刺和托刺，为了便于田间管理和嫁接操作，播种时推荐采用双行密植的畦式布局，即每畦种植两行，行距为30厘米，株距为15厘米，而两畦之间的行距则保持在60—70厘米。播种时，每个穴点播2—3粒种子，覆土厚度不超过2厘米，并且要浇透水后覆盖薄膜。实生苗在幼苗期生长缓慢，且对干旱较为敏感，因此需要适时浇水和追肥，及时清除杂草，并采取措施防治病虫害。当苗高达到30—40厘米时，应清除主茎基部10厘米以内的分枝，以确保嫁接部位的光滑和便于操作。当苗高达到50厘米时，进行摘心处理，以促进苗木加粗生长，确保苗木能尽快达到适合嫁接的粗度。

（一）种子选择及处理

在秋季，挑选那些个头较大且完全成熟的酸枣。首先，将酸枣浸泡在水中，仔细搓洗以去除杂质，随后漂洗干净。接着，将酸枣核晾干以备后续处理。处理酸枣核主要有两种方法：沙藏催芽和烫种催芽。

对于沙藏催芽，大约在12月前后，先将清洁的种子浸泡在清水中2—3天，确保它们充分吸收水分。然后，将这些种子与3—4倍体积的湿润沙子混合均匀，放置在阴凉处的坑中。坑的深度大约为50厘米，底部铺上10厘米厚的湿沙。当填至离地面大约15厘米时停止，然后在上面覆盖土壤。最后，用木板、草席等材料封盖坑口，确保坑内温度维持在3 ℃—10 ℃之间。等到次年春天，当种子核裂开，大多数种子露出白色胚根时，就可以进行播种了。

至于烫种催芽，对于那些未能及时进行沙藏的种子，可以采用这种方法。将种子放入容器中，倒入种子重量1.5倍的开水，并不断搅拌。之后，盖上容器让其自然冷却，浸泡48小时。接着，将种子装入塑料袋中封口，并将其置于阳光下以促进发芽。

（二）播种

通常在3月下旬至4月上旬期间进行播种。在播种前，应确保苗圃地施加足够的基肥，并充分灌溉，然后深翻土壤并制作畦床，细致地整平地面。

每畦床播种四行，每亩的播种量为 10 千克，覆盖土壤的厚度应为 3 厘米，并压实土壤。之后，在土壤上撒上一层细沙，并覆盖薄膜。一般情况下，播种后 10—15 天苗木开始出土，当苗木高度达到 5 厘米时，开始进行间苗和定苗，确保每株苗木之间的距离为 15—20 厘米。定苗后，需要加强肥料和水分的管理，以促进苗木的健康生长。

（三）嫁接

采集接穗：在生长季节进行芽接时，应从优质单株上选取当年生枣头的一次枝或二次枝的饱满主芽，按品种分别采集和存放。剪下的枣头应立即保留叶柄去除叶片，并用薄膜袋封装，以确保随采随接，从而提升嫁接的成活率。春季枝接时，接穗的采集应在休眠期进行，从优质单株上选取一次枝或发育良好的二次枝，枝条粗度应控制在 0.3—1 厘米之间。采集后应迅速用蜡进行封接，确保蜡层均匀覆盖，然后将接穗装入塑料袋或纸箱中，在阴凉的地窖内储存，并加强管理，定期检查接穗是否出现腐烂或失水皱缩，以便及时调整湿度。嫁接时，应根据需要随取随用，将接穗截成约 10 厘米长，通常保留 2 个芽眼即可。

枝接法中，最普遍采用的是插皮接技术。嫁接的最佳时机通常是在芽眼萌发前的 15—20 天，此时气温需保持在 10 ℃以上，确保树液已经开始流动。首先，要精心削制接穗，即在接穗的下端主芽背面斜削成马耳形状，长度约为 3—4 厘米，并确保切削面光滑。在嫁接前，将砧木从根颈以上 5 厘米处剪断，接着在砧木的迎风面从剪口向下纵切皮层，切口长度为 1—2 厘米，深度要达到木质部。然后将接穗插入皮层切口，确保接穗的削面紧贴木质部，同时接穗的削面应稍微露出接口 1—2 毫米，以便于愈合更加牢固。最后，使用塑料带从下往上紧密捆绑接口，以防止水分流失和雨水侵入。

芽接技术：芽接作业适宜在夏秋季节开展。推荐使用带木质的“T”形芽接方法。首先，在砧木距离地面大约 5 厘米的位置，选择一个平滑的区域进行“T”形切割，确保切口深入至木质部，横向和纵向的切口长度均为 1 厘米；接着，在接穗上饱满芽点上方 0.5 厘米处进行横向切割，然后在芽点下方 1.5

厘米处向下斜削，取下一片上端平直、下端尖锐且包含木质部的长盾形芽片。最后，将芽片插入砧木的“T”形切口中，确保芽片的上端与砧木的横向切口对齐，并从下往上用塑料带紧密缠绕，以确保芽片与砧木紧密结合。

图 4-7 酸枣嫁接

（四）接后管理

除萌：嫁接完成后，应迅速去除砧木上的萌芽，确保养分集中供给接穗和接芽，以促进其健康成长。

解绑：通常在嫁接约 25 天后，当接口完全愈合时，若发现个别植株的接芽部位出现轻微的束缚现象，则需进行松绑。根据枝接苗的生长状况，判断是否需要松绑。

管理：在 6 月之前进行施肥，主要使用复合肥，以促进苗木的早期生长。同时，要定期松土和除草，干旱时应及时灌溉，而在雨季则需注意排水工作。

四、苗木出圃和检疫

苗木出圃标志着育种工作的尾声，其执行质量直接关系到苗木的品质、栽培成活率以及后续生长状况。通常，苗木的出圃时间选择在秋季或春季。秋季适宜的出圃时间是从叶片脱落至土壤封冻前，以早些时候为佳；而春季则是在土壤解冻后至苗木发芽前，此时宜选择稍晚的时机。若苗木将在当地种植，无需长途运输，那么在春季芽体开始泛绿时进行起苗种植，成活率将最高，但这种方法不适用于大规模种植。在土壤干燥的情况下，建议在起苗前一周进行一次灌溉，这不仅有助于根系充分吸收水分，从而提升成活率，还能确保在起苗时根系的完整性。起苗过程中，应尽量保护根系不受损害，避免损伤枝条表皮。具体操作时，可在苗木一侧 20 厘米处深挖 25—30 厘米，使土壤松动，然后在另一侧重复相同操作，最后切断主根，轻柔地将苗木取出。对于需要外调的苗木，应进行截干处理，截干高度控制在 1—1.2 米，并剪除二次枝。此外，必须筛选出带有病虫害的苗木并予以销毁，以防止病虫害的传播。

（一）出圃前的准备

在挖苗前两天，如果圃地土壤较为干燥，应浇灌一次充足的水分，以避免对根部造成伤害。起苗地不宜选用沙土或砾质土，而应选择土层深厚、石砾稀少、肥力较佳的壤土和中壤土。土壤的持水量应保持在 45%—55% 之间，以确保所起苗木的土坨保持完整。

（二）出苗时间

落叶果树应在 11 月上旬至中旬落叶后至春季萌芽前进行挖苗，而常绿果树则应在人工脱叶后进行，一般选择在春季或秋季，并且最好是随挖随栽。

（三）出圃方法

为了保留至少 20 厘米的侧根，起苗时应在根茎 25 厘米处开始挖掘，主根可在 25 厘米以下切断，务必小心避免损伤枝茎和芽眼。落叶树种可以不带土，以减少根系损伤，但常绿树种应尽量带土，并保持根系的完整性。

（四）出圃苗木规格

出圃的苗木必须满足以下条件：品种纯正，无病虫害；根系发达，主侧根数量不少于 4 条，长度超过 20 厘米；苗木生长状况良好，高度至少 80 厘米，直径不少于 0.8 厘米，整形带内有大约 8 个饱满的芽；嫁接口愈合良好，亲和力强，砧穗生长均衡。

（五）苗木的检疫与消毒

苗木出圃前必须进行严格的检疫。苗木在包装前应经过检疫机关的检验，并获得检疫证书后才能运输或寄送。带有检疫对象的苗木通常不允许出圃；病虫害严重的苗木应予以销毁；即使是非检疫对象的病虫害也应防止其传播。因此，在苗木出圃前，需要进行严格的消毒处理，以防止病虫害的扩散。常用的苗木消毒方法包括：①石硫合剂消毒。使用 3—5 波美度的石灰硫磺合剂浸泡苗木 10—20 分钟，然后用清水冲洗根部。②波尔多液消毒。使用 1 ∶ 1 ∶ 100 的波尔多液浸泡苗木 10—20 分钟，之后用清水冲洗根部。对于李属植物要特别小心使用，尤其是在早春萌芽季节，以避免药害。③硫酸铜水消毒。使用 0.1%—1.0% 的硫酸铜溶液处理苗木 5 分钟，然后将其浸入清水中洗净。此方法主要用于休眠期苗木根系的消毒，不适用于全株苗木的消毒。

（六）苗木储藏

为便于销售，苗木应以 50—100 株为一捆，并附上标明品种名称、级别及数量的标签。内部填充湿润的水草，外部用草帘包裹，以保持一周的湿度。在运输过程中，必须采取遮荫和保湿措施。对于短途运输，成捆苗木装车后应使用篷布严密覆盖；对于长途运输，则需更加细致地进行遮荫和保湿工作。

起苗后，需清除病株并进行分级，随后进行储藏，储藏亦称为假植。假植分为临时性假植和越冬性假植两种。临时性假植可选择灌溉条件良好的地块，挖掘假植沟，一般宽度为 100 厘米，深度为 50 厘米，长度根据假植数量而定。将苗木整齐排列于沟内，用细土覆盖至根茎上方约 15 厘米处，适度踏实后浇透水，并覆盖草席以遮荫。越冬性假植应选择背风向阳且无积水的地点，假植沟的尺寸与临时性假植相同。将苗木整齐排列于沟内，用细土覆盖至苗木高度的一半左右，确保土壤与苗木根系紧密接触，不留空隙，然后浇透水。

（七）包装与运输

长途运输的苗木必须进行适当包装。对于较大的植株，每 50 株一捆；对于较小的植株，则每 100 株一捆。若为常绿果树且是裸根起苗，捆扎前必须用泥浆蘸根。虽然落叶果树苗不一定要用泥浆蘸根，但同样需要关注根部保湿，通常使用湿润的稻草、锯末或苔藓等填充根系，外部用塑料薄膜、纤维编织袋、草袋或蒲包等包裹，至少包裹至苗木高度的一半，最佳情况是仅留顶部，确保捆扎牢固。对于容器育苗，应保持其完整的原装容器。

图 4-8 枣苗包装

所有包装物的内外都必须附有标签,清晰标注品种品系、砧木、等级、数量、接穗来源、起苗日期以及育苗单位等信息。若同时有2个或更多品种需要出圃,应进行分别包装,并确保每个品种都有明显的区分标记。

第四节　建园和栽植

果园是果树种植的关键基础设施，它直接决定了果园的经济收益。果园的建设是一个涉及众多科学技术领域的综合过程。在规划时，必须兼顾果树的生长需求和环境条件，同时对市场销售和流通进行预测。任何决策上的失误或技术实施不当都可能导致严重的损失，最坏的情况是项目彻底失败，即使情况较轻，也可能需要额外的时间和投资来纠正不良后果。因此，建立果园比开辟一年生作物的种植场地更为复杂且关键。在从事这项工作时，必须进行全面的考察和论证，制订周密的规划，并精心组织实施，确保果园既满足现代商品生产的需求，又具备鲜食的可行性。

一、栽植地的选择

选择栽植地应基于园地评估，并遵循“适地适树”的原则，确保果树与园地的立地条件相匹配，以充分挖掘果树品种的生产潜力，实现优质、高产和增收的目标。可以依据计划种植的树种和品种的生态需求来挑选园址，或者根据现有园地的生态条件来确定适宜种植的对象。园地评估应综合考虑气候、土壤、交通和地理位置等因素，其中气候条件尤为重要，特别是在灾害性天气频发且目前尚无有效防护措施的地区，园址的选择直接关系到果园的存续。有些园地虽然果树能够存活，但无法达到优质高产，因此不宜建立果园。因此，选择园地时，必须以较大范围的生态区划为依据，再进行细致的筛选，以期达到事半功倍的效果。对于土壤条件不佳或地下水位过高的不利因素，可以通过“改地适树”的方法，发挥人的主观能动性，逐步改善这些条件。

适宜栽植的地点类型多样，主要包括平地、山地和丘陵地等。不同类型的园地各有其特点。

平地通常地势平坦或轻微倾斜，高差不大。在同一平地区域内，气候和土壤条件相对一致，没有显著的垂直分布变化。一般而言，平地果园水土流失较少，土层深厚，有机质含量较高，有利于果树根系深入土壤，促进果树生长和结果。尽管低海拔平原地区的果园水分充足，但其通风、日照和排水条件通常不如山地和高原地区的果园；其果实的色泽、风味、糖度和耐贮性也往往不及后者。

山地地区空气流通，日照充足，昼夜温差较大，有利于糖分积累、果实着色和优质高产。我国是一个多山的国家，山地面积占全国土地总面积的43.5%，而高原和丘陵分别占10.9%和11.7%，平原和盆地占33.9%。利用山地发展果树生产对于调整和优化山区经济结构、改变山区贫困落后面貌具有重要的现实意义。在其他国家，如日本，都利用山地优势发展果树生产。我国历来重视山地果树生产的发展，在山区建立了大量果园。山地气候变化的多样性决定了在山地选择适宜园地的复杂性。在山地建园时，应充分进行调查研究，熟悉并掌握山地气候垂直分布带与小气候带的变化特点，这对于正确选择生态最适带及适宜小气候带建立果园，因地制宜地确定栽培技术具有重要的实践意义。

丘陵地是指地面起伏不大、相对高差在200米以下的地形，其中顶部与麓部相对高差小于100米的丘陵称为浅丘，相对高差在100—200米之间的称为深丘。丘陵地是介于平地与山地之间的过渡性地形，坡度一般较山地和缓。深丘的特点接近山地，而浅丘的特点接近平地。与深丘相比，浅丘坡度较缓，冲刷程度较轻，土层较深厚，顶部与麓部土壤和气候条件差异不大，建园时水土保持工程和灌溉设备的投资较少；交通较方便，便于使用农业机械，是较为理想的建园地点。

海涂是由河流或海流夹带的泥沙在地势较平的河流入海口或海岸附近沉积形成的浅海滩。海涂地势平坦开阔，自然落差较小，土层深厚，富含钾、钙、镁等矿质营养成分。但土壤有机质含量低，土壤结构差；地下水位高，土壤含盐量大，碱性强。在北方，通常通过引入淡水淋洗脱盐，并施用化学改良剂（如磷石膏、脱硫石膏等）来使土壤脱盐脱碱；在南方，由于降雨量多，土壤脱盐淡化较快，改良后多数种植水稻和轮作绿肥，在土壤熟化适宜栽培果树后，再建立果园。缺铁黄化和台风危害是海涂地区栽培果树必须面对的挑战。

图 4-9 山区枣园（左）、平原枣园（右）

二、整地

在建设园区之前，必须对土地进行彻底的平整工作，包括深耕土壤 30 至 50 厘米，并且要耙碎并耙平土地，确保土壤有充足的时间进行晒干和风化，从而保证土壤结构的松散性。在耕作过程中，为了提升土壤的肥力，建议每亩施用 1000 至 1500 千克的腐熟有机肥作为基肥。此外，根据园区的具体情况，需要进行相应的基础设施建设，例如对于平地和水田，应挖掘三级沟系，包括排水沟、围沟和畦沟，以便于干旱时灌溉和雨季排水；对于坡地，则应构建反倾斜的高梯田，以利于保持水分和土壤。

三、栽前准备

（一）苗木选择

苗木一般选择选用二年生的大苗和生长较为强壮的苗木进行枣树栽植，苗木直径要求 1 厘米以上，主干高度为 1.2 米，根部长度为 25 厘米以上，侧根长度在 10 厘米以上，侧根不能少于 6 条，且不能有任何病虫害迹象。一般选用根系发达、品种纯正、抵抗力强、果型及果实品质较好的品种进行栽培，不同地区有不同的适宜栽种品种，例如山东省适宜种植冬枣、磨盘枣、早脆王等品种，在进行具体地点栽植时，应根据具体情况具体分析并选择适宜的品种进行栽植或选择优系进行嫁接。

（二）栽前苗木处理

检查苗木的根系以确保其完好无损，尽量避免机械损伤、病虫害侵袭以及热激等不良影响。对苗木进行无菌脱毒处理，将苗木在水中浸泡 10 小时，并使用生根粉进行浸泡以达到杀菌消毒的效果。

（三）定植

在进行栽植时，必须根据具体情况调整行距、株距以及定植穴的深度，并在栽植前挖好适当大小的定植坑。定植过程中，应确保苗木的根系在放入定植穴时均匀分布。随后，填入底层土壤并轻轻踩实，以确保土壤与枣树根系紧密接触。苗木应随取随用，未使用时应保持在水中浸泡。定植完成后，应构建树畦，以便于进行浇水和除草等管理工作。

四、栽植时期

枣树的种植周期较长，从落叶期直至次年萌芽前都是适宜的栽植时间。然而，鉴于南北方气候差异及季节变化，实际生产中通常将栽植时间划分为春季和秋季两个主要时期。

（一）春季栽植

春季栽植的时间段从土壤解冻开始，直至枣树萌芽，大约在 3 月中旬至 4 月中旬。这一时期，随着地温的逐渐回升，根系开始活跃，这有助于促进植物地上部分的萌芽和生长。由于北方地区冬季寒冷且干燥，根系在此期间不活跃，因此春季是最适合栽植的时节。

（二）秋季栽植

秋季栽植的时间跨度从枣树落叶开始，直至土壤封冻前，大约在 11 月上旬至 12 月上旬。在这一时期，也可以进行带叶栽植，但这种方法更适合近距离的栽植。秋季土壤水分充足，地温相对较高，此时枝叶已经脱落，蒸腾作用较弱，地上部分的呼吸作用不强烈，因此栽植后根部伤口能够迅速愈合。到了次年春季，植株发芽迅速，生长旺盛，并且具有较强的抗旱能力，成活率较高。通常情况下，秋季栽植越早越好，尤其是在落叶后至土壤封冻前这段时间。在南方地区，秋季栽植是一种常见的做法。

五、栽植密度

栽植密度对枣果产量影响较大，密植栽植有助于增加枣果产量，并形成枣产业园。在塔里木盆地，骏枣的栽植采用行株距为（1 米—2 米）×0.25 米。当行距控制在 2 米以内时，每亩可种植超过 600 株，形成高密度的栽植园。在密植园中，干枣的产量介于 12—18 吨每公顷。甘肃东部适宜种植行株距在 2.0 米 ×1.5 米（每亩栽植 222 株）坐地砧苗。

六、栽植方式与配置

（一）栽植方式

冬枣间作是一种有效利用土地资源的方式，能够实现枣树与粮食作物的互补种植，达到优势互补的效果。通常，栽培密度建议为 3 米 ×5 米 ×25 米或 3 米 ×5 米 ×45 米，换算成每亩的栽培密度大约为 10 至 20 株。实际密度应根据地形条件进行调整。

新建的密植园应选择 2 米 ×3 米、3 米 ×4 米、4 米 ×5 米的株行距，相应的每亩栽培株数分别为 111 株、56 株和 33 株。在确定栽培方式时，应以合理利用土地资源、确保枣树个体有足够的营养空间、充分利用光照条件、实现高产优质和高效生产为原则。同时，还应考虑到田间管理的便利性。目前，在平原地区，长方形南北方向的栽培方式较为普遍，这种布局有利于通风和光照，便于间作和管理。

（二）栽植密度

栽植密度的确定应基于园地的水分、肥料、土壤条件，以及管理技术水平和栽培目标等因素。无论选择哪种栽植密度，行向最好设置为南北方向。在密植园中，一般采用 2 米 ×3 米或 2 米 ×4 米的行间距，每亩可栽植 83 至 111 株。在日光温室中，可以采用 1 米 ×2 米的高密度栽培模式，每亩大约栽植 333 株。间作园中的冬枣树由于萌芽晚、落叶早、生长期短、枝叶稀疏、遮阴少、根系分布稀疏，与农作物争肥争水的矛盾较小，适合与农作物间作。为了便于操作管理并充分利用土地资源，枣农间作应采用大行距、小株距的栽植方式，一般行距为 6—10 米，株距为 2—3 米，每亩栽植 22—55 株。

（三）授粉树配置

枣树虽然能够自花授粉结果，但根据枣树的特性，异花授粉更有利于结果，特别是对于那些雄蕊发育不良、花粉退化的品种，配置授粉树显得尤为重要。例如，赞皇大枣和婆枣以斑枣作为授粉树，增产效果显著。即使是自花结果的品种，配置授粉树进行异花授粉也有助于提高受精率，增加坐果率，提升果实品质。因此，在建园时应考虑品种的混栽或配置授粉树。一般而言，枣园应配置早、中、晚熟品种，但品种数量不宜超过三种。授粉品种的比例可控制在10%—30%，以株间配置为宜，可以采取主栽品种每隔3至9株栽植1株授粉品种的方法，或者采取梅花状配置的方法。主栽品种与授粉品种的盛花期应保持一致。

七、栽植方法

确保枣树成活的关键在于根系保湿。枣树的根系容易失水且对干燥敏感，因此，根系保湿是提高成活率的关键措施。起苗时应尽量保全根系，遵循随起苗随分级随假植的原则，避免苗木根系长时间暴露在空气中。

在苗木调运过程中，根部应蘸泥浆并套上塑料袋；对于长途调运，除了根部蘸泥浆外，还应使用湿草帘或原塑料包装，并在上面加盖篷布以遮阴。运抵目的地后，应立即用湿土假植于阴凉处。栽植前，苗木应浸泡在清水中12至24小时。在田间栽植时，苗木应临时假植或浸泡在水池中，边栽边取。取出的苗木应使用苗木蜡封或蘸羧甲基纤维素以减少水分蒸腾。发苗时，可采用纤维袋裹根或将根系泡在水桶中，随发随栽。

栽植前，应在已经整地培肥的定植沟上重新打定植桩，根据中心定植桩和四角桩开挖30厘米×30厘米×30厘米的栽植穴。栽植前，首先要解除苗木嫁接口的绑缚物，并进行根系修剪，剪去劈裂、断裂或受伤的根部。定植时，使用定植板将苗木置于定植穴内，填土至一半时轻轻上提苗木，确保根系充分舒展并踩实，然后继续填土并踩实。

苗木移栽后，应使嫁接口低于地面10—15厘米。待定植穴灌水沉实后，嫁接口应低于地面约10厘米，形成一浅坑。成活生长正常后，逐步填平。栽植后立即浇足水，当地表发白时，平整树盘并立即覆膜，密度为2米×4米以上，可整行覆膜。采用膜下滴灌技术的，可结合进行。栽植后的1—3年内，均宜覆膜，越冬时不要撤膜。覆膜后，在根茎部起一小土堆，以保水和防止根茎灼伤。追肥时，可在树冠下点状打孔施入，尽量不要破坏覆膜的结构。

八、栽后管理

枣树栽植后应立即进行一次彻底的灌溉。鉴于北方春季降雨稀少，建议在春季栽植枣树的地区，若条件允许，每月至少灌溉一次，直至雨季来临；南方地区则应根据实际情况进行灌溉。栽植穴的土壤湿度应维持在田间持水量的 60%—80% 之间。进入 7—8 月，枣树苗生长旺盛，此时可在树旁开沟施用尿素等速效肥料，以促进幼树的健康成长。对于山地枣园，应特别注意建设保水工程，以拦截和储存雨水。秋季栽植的枣树，可在树干基部培土以保暖和保持土壤水分；春季栽植的枣树则应进行中耕松土或覆膜以保持土壤湿度。幼树在每次降雨或灌溉后应及时中耕除草，以防止杂草生长并加强土壤保湿。例如，夏季栽植的苗木，在冬季灌溉前应清理园地，清除杂草、枯枝和落叶，并将其集中焚烧于园外。冬灌后，应对枣树主干进行涂白，并投放鼠药以预防鼠害和兔害。第二年 2 月，连续两次喷施 30 倍液的羟甲基纤维素，以防枝条抽干，两次喷施的间隔期以 15 天为宜。

栽植后应立即进行定干处理，定干的高度根据栽植密度和方式的不同而有所变化，一般而言，密植园的定干高度为 60—70 厘米，而高密度种植园则为 20—30 厘米。定干后，应采取涂蜡、地膜缠绕等措施保护剪口。

对于已经截顶的枣苗，应疏剪掉顶部的第一个二次枝，并用第一个侧芽代替失去的顶芽。幼苗上部 2/3 的二级分枝应保留 3—5 个强芽，而下部 1/3 则全部剪除。在密集种植的园地中，枣树幼苗应在约 80 厘米高的腋芽上方 1 厘米处固定，并在切口下方保留 4—5 个次生枝，每个枝上保留 2—3 个芽作为主要分枝的起始点，同时将下一级分枝的基础全部剪除。

在枣树的整个生长季节，应注意及时抹除从幼苗主干和根颈处发出的腋芽和根。当顶芽或选定的顶部第一个二次枝侧芽萌发的发育枝长出 5—8 个二次枝，且二次枝生长至 5—7 节时，应对发育枝和二次枝进行摘心处理，以促进枝系的加粗生长，确保正芽的充分发育，为提高次年抽枝率打下坚实基础。

可以采用地膜覆盖的方法来增温保湿，特别是在干旱缺水的园地中，这一措施尤为重要。常用的覆膜方式包括穴状覆膜和带状覆膜两种。栽植后应立即进行观察，一旦发现植物未能存活，应立即重新种植。

第五节 土肥水管理

一、土壤管理

枣园的土壤管理主要包括深耕改土、中耕松土及除草、土壤改良和枣园间作等措施。在选择枣园地点时，鉴于枣树具有极强的抗逆性和对土壤条件的宽容性，尤其是其抗旱和耐盐碱的特性，建议优先选择中性或微碱性的砂质土壤。同时，由于枣树喜光且抗风能力较弱，应选择阳光充足且远离风口的地点。在栽植枣树之前，应进行彻底的深耕，清除杂草，平整土地，并在种植前挖好直径100厘米、深80厘米的种植穴，每个穴中施入50千克的土杂肥。待种植穴中的肥土沉降稳定后，即可进行栽种。四月初是栽种枣树的理想时间。采用矮化密植技术，设置较高的种植密度［永久株行距为（1—1.5）米×（3.5—4.5）米］，这将有助于管理。同时，应根据种植制度合理安排土壤管理措施。此外，还需注意平地、山地枣园以及温室栽培枣园在土壤管理上的不同需求。

（一）种植制度

间作在枣园中可有效缓解肥料短缺的问题。通过将间作物的秸秆发酵成肥料，或者直接翻压在树下，可以实现施肥的效果。通常情况下，枣园的主栽作物是枣树，而间作物则适宜选择花生、绿豆、百脉根、扁茎黄芪等矮秆豆科植物（包括药材和草本植物）。此外，间作套种技术也允许适当种植豆类和红薯。豆科植物的根系含有固氮的根瘤菌，有助于提升土壤肥力，是优质的绿肥来源；而红薯因其耐旱耐贫瘠的特性，其茂盛的茎叶能够覆盖地面，保持土壤水分，特别适合在贫瘠和干旱的山地枣园中种植。

植被的覆盖有助于减少土壤的蒸发和侵蚀，同时促进水分的渗透。在枣园内，每年对杂草进行2—3次的割青处理，并结合深翻作业将它们压入地下，这不仅为树木提供了有机营养，还减少了杂草对枣树营养和水分的竞争。在树木行间种植作物，可以增加土壤水分的渗透量，减少水分蒸发，从而提高土壤水分的可用性。此外，当油菜进入敛花期时，可以利用机械将其翻压入土壤中，作为绿肥，进一步增强土壤的肥力。

（二）土壤管理制度

中耕松土是关键的农艺措施，旨在维持土壤的疏松状态和良好的通气性，从而为根系的生长和发育提供持续的优质土壤环境。通过将中耕作业与除草活动相结合，通常每年进行 4—6 次，深度控制在大约 5 厘米。这一过程有助于打破地表的硬结层，减少水分的蒸发，同时清除杂草，节约养分，并减少病虫害的发生。

深翻改土通常在深秋或早春土壤解冻之后进行，深度一般介于 30—50 厘米之间。在树干附近，翻耕深度应适当浅一些，以避免损伤根系。深翻能够使土粒与根系紧密接触，促进根系的生长和肥料的吸收与利用，同时有效防止病虫害的越冬。在距离枣树干 1 米处至树冠投影外围的区域，翻耕深度应达到 25 厘米以上。对于土层较厚的平地枣园，可以使用小型机械进行耕翻，以消除浮根，促使根系深入土壤，提高土壤的通透性和有机质含量，同时消灭土壤中越冬的害虫。每年春季，在枣树萌芽前覆盖黑色地膜于树盘上，这不仅能有效防止杂草的生长，还能促进枣树根系的发育。

（三）平地枣园土壤管理

针对平地枣园的管理，主要采取翻刨树盘（即树冠下方的土壤）的方法。翻刨作业分为秋季和夏季两种类型。秋季翻刨通常在秋末冬初进行，此时土壤湿度适宜，作业深度为树干周围 15—30 厘米，越接近树干，翻刨深度越浅，目的是避免损伤主要根系。这一过程有助于疏松和活化土壤，消灭越冬的害虫蛹，并促进根系的生长。夏季翻刨则是在杂草生长旺盛的时期进行，将杂草翻入土壤中促使其腐烂分解，从而增加土壤的有机质含量，改善土壤的理化性质，提高土壤的肥力。鉴于北方地区干旱少雨的特点，翻刨树盘应选择土壤湿度较好的时机迅速完成，一般建议每年进行 2—3 次翻刨作业。

（四）山区枣园土壤管理

山区枣园的土壤特性表现为土层浅薄、质地坚硬、石砾含量高、肥力不足以及易于水土流失。鉴于这些特点，必须采取措施增加土壤深度以防止植株倒伏，保持水分以促进枣树生长，同时防治水土流失，以助于扩展根系、增强树体生长并实现早期丰产。目前，主要的管理措施包括：使用石块围绕枣园或枣树构建维基，修筑梯田，移除石块并更换优质土壤，或根据实际情况修筑梯田或鱼鳞坑。在山地枣园，每年都需要对梯田和鱼鳞坑等水土保持设施进行维护和保养。雨季时，应及时修复被冲毁的梯田和鱼鳞坑，确保其结构完整。对于坡度较缓的枣园，修整梯田是适宜的选择；而对于坡度较大的枣园，则适合垒砌鱼鳞坑。这两种方法都能有效保持水土，拦截山坡上冲刷下来的泥沙、土壤、有机质和雨水，有助于增加土壤厚度和改善土壤质量。具体做法是在冬春农闲时节，使用石块或园土加固梯田边埂和鱼鳞坑的外缘，使其略高于梯田或树盘平面，并在一边预留排水口。对于雨季受损的梯田和鱼鳞坑，也应及时进行修复。对于生长在地边或岩石旁的枣树，还应进行深耕改土，为根系的生长创造良好的条件。

（五）温室栽培土壤管理

在温室栽培中，土壤管理至关重要。定植后的 1—2 年内，可以采取间作蔬菜的方式以充分利用土地资源。一旦进入结果期，建议覆盖黑色地膜以最大限度地保持土壤中的水分。在果实采收完毕后，应及时移除地膜，并进行耕翻晾晒，同时结合施用基肥和深翻扩穴的方法来进一步管理土壤。

图 4-10 修树盘

二、合理施肥

枣园施肥主要分为基肥和追肥两大类。具体而言，包括秋季深翻时施用基肥、利用雨水或雨后进行追肥、叶面喷施肥料、种植绿肥以及压制杂草等方法。作为一类深根性果树，枣树的施肥方法多样，包括环状沟施、放射状沟施、穴施和撒施等。为了确保枣树的正常生长、开花结果以及提高产量和品质，正确、合理且及时的施肥是关键的技术措施之一。科学施肥要求我们通过树体营养诊断和土壤肥力测定来进行配方施肥，确保根据枣树的实际需求，精准施用适量的肥料。

（一）施肥种类

在枣树的生长周期中，施肥策略至关重要。萌芽期主要施用氮肥，而到了开花和坐果阶段，则需追加氮、磷、钾复合肥。秋季果实采收后至春季发芽前，结合深耕进行基肥施用，通常每株树施用 30—80 千克有机肥，并适量添加化学肥料，但需确保化学肥料中的氮与有机肥料中的有机氨比例不超过 1 ： 1。

在盛果期，每株树的有机肥施用量增加至 100—250 千克，并且每次追肥和施肥后都要进行一次灌溉。合理使用有机肥至关重要，一般推荐在 4 月上旬、5 月下旬和 7 月上旬进行。前两次施肥重点是尿素和钙、钾肥，而第三次则侧重于有机肥的施用，每亩地可施用干鸡粪 1000 千克或等量的湿鸡粪，以增强树体的营养水平和抗病能力。

为了生产无公害的优质枣果，施肥应以腐熟的有机肥料为主。在有机肥料无法满足枣树生长需求的情况下，可以适量使用化学肥料。然而，必须禁止使用城市生活垃圾、医院粪便和工业垃圾，以及硝态氮肥。枣树在不同的生长阶段对肥料的需求不同，因此，一次性大量施用基肥和分期追肥是其施肥的关键特点。特别是在花期，枣树对氮肥的需求量较大，而在果期则对磷肥的需求量较大。当土壤无法提供足够的氮、磷、钾等主要营养元素时，必须通过人工施肥来补充。此外，锰、铁、锌、铜、钼等微量元素对枣树的生长也是必不可少的。

在枣园中放养牛、羊、鸡、鸭等家禽家畜，利用它们的粪便来滋养树木，是解决肥料来源不足的有效方法。在养羊业发达的地区，夏季可以让羊群在枣园中过夜，并及时将羊粪翻入土壤中，这样的肥效可以持续 2—3 年。

（二）基肥

施肥通常分为施用基肥和追肥两种方式，其中基肥又可细分为春季施用和秋季施用。秋季施用基肥的效果尤为显著。通常在 9 月下旬至 10 月上旬进行，这一时期正值树木营养物质的积累阶段，此时施肥不仅有助于树根的愈合，还能促进新根的生长，为来年的生长发育打下良好的基础。在施肥方法上，推荐采用挖穴施入的方式。至于肥料的选择，以有机肥料为佳，包括堆肥、圈肥、作物秸秆、绿肥以及人粪尿等都是适宜的选择。

（三）追肥

追肥分土壤追肥和根外追肥两种。

土壤追肥：枣树的施肥工作应在生长季节进行。首次施肥建议在萌芽前的 10—15 天进行，对于成龄的枣园，每棵树应施用 0.5 千克的尿素。施肥时，应在距离树干 30 厘米处挖 3—5 条放射状的沟渠，沟深通常为 10—20 厘米，长度约为 30—40 厘米。第二次施肥应在初花期进行，此时用肥量不宜过多。第三次施肥则安排在果实膨大期，特别是在生理落果期，主要以磷肥和钾肥为主，辅以适量的氮肥。每棵树应施用 0.5 千克的过磷酸钙和 0.1 千克的钾镁肥。钾肥的施用对于果实的发育和品质提升尤为重要。

根外追肥：叶面喷肥可以在整个生长季节进行，它以其简便性、低肥料用量、高利用率、快速吸收和迅速见效等优点而广受欢迎，尤其在果树追肥中经常被采用。从春季展叶到秋季果实采收期间，通常结合喷洒农药进行 5—6 次叶面喷肥。在萌芽期至幼果期以及采收后，喷施 0.3%—0.5% 的尿素溶液有助于促进叶片生长和提高开花坐果率；而在果实发育的中后期，喷施 0.1%—0.3% 的磷酸二氢钾溶液、1.0% 至 2.0% 的过磷酸钙浸出液或草木灰，对果实的成熟和品质提升有显著效果。此外，施用钛微肥和氨基酸肥对于促进枣树的生长和结果具有良好的促进作用。

（四）施肥时期

在 12 月至第二年 4 月期间，我们购买并收集了各种人畜粪便、落叶和枝条等有机物料，并进行了粉碎处理。我们选择了一个靠近果园的位置，与人畜粪便混合，按照技术规范制备农家肥。由于冬季的寒冷天气，我们确保粪堆体积足够大，以减少热量散失，从而有利于发酵过程。

进入 5 月份，我们开始沤制农家肥，广泛收割田间地头的杂草、藤蔓和枝条等，并进行粉碎。我们选择了靠近果园且交通便利的场地，与人畜粪便一起进行沤制。当枣吊（开花结果的枝条）上开放 2—3 朵小花时，我们按照每亩氮磷钾 1 ∶ 1.5 ∶ 0.5 的比例，追施氮肥 6.7 千克、磷肥 10 千克、钾肥 3.3 千克，共计 20 千克。

到了 6 月份，我们开始种植并翻压绿肥，使用机械将处于敛花期（即完全开花准备结籽的阶段）的油菜绿肥翻压进土壤中，以增强土壤肥力。翻压后，我们种植了第二茬绿肥。

大约在 7 月中旬，我们开始叶面喷施 0.3% 的磷酸二氢钾溶液（即 300 克磷酸二氢钾溶解于 100 千克水中），每周喷施一次，连续喷施 2—3 次，直至叶片出现滴水为止，以促进果实的膨大。

到了 11 月份，我们进行秋季有机肥的施用。对于那些在 9 月份未施肥的果园，在枣果采收后，我们施用了有机肥。使用开沟机在树冠外围 2/3 处挖出 40—50 厘米深、30—40 厘米宽的施肥沟。我们按照每亩 300—500 千克油渣和不少于 2 平方米有机肥的比例，配合施用 10 千克磷酸二铵，均匀撒入沟内，然后埋土填沟，并及时灌溉，为来年多结果、结好果积累营养。

（五）温室栽培施肥

在温室栽培中，施肥是一项至关重要的工作。每年在枣果采收后至冬灌前，应尽早进行秋季基肥施用。推荐的施肥量为每亩 3 吨腐熟的农家肥（例如羊粪）和每株 0.25 千克的复合肥。追肥时，可选用尿素、磷酸二铵和复合肥等种类。

对于新定植的枣树，在树苗生长至约 15 厘米时，应在地膜上距离树干 25 厘米处，使用直径 2 厘米的钢管或施肥器均匀打 4 个深 25 厘米的孔，然后将肥料施入。每株树施用尿素 25 克。到了 6 月中下旬，对于那些生长较弱的苗木，应追施复合肥，每株 30 克。

从第二年开始，每年应追肥 2—3 次。在萌芽前，每株树追施磷酸二胺 0.25 千克；开花前，每株树追施尿素 0.15 千克；果实膨大期，每株树追施复合肥 0.25 千克。追肥方法与前述相同。叶幕形成后，建议每 15 天进行一次叶面喷肥。在花前期，主要使用 0.3% 的尿素溶液；花期时，加入 0.3% 的硼砂溶液；幼果期以后，则以 0.3% 的磷酸二氢钾溶液为主，同时可辅以钙肥、铁肥和其他微量元素肥料。叶面喷肥可以与喷药作业相结合进行。

图 4-11 放射状施肥（左）、穴状施肥（右）

三、水分管理

在北方丘陵地区或山区，水分的不足已成为限制枣园生产的主要障碍。因此，完善枣园的储水设施对于确保枣树的健康生长和果实产量至关重要。枣树作为一种既耐旱又耐涝的经济作物，适量的灌溉能够显著提升其产量。同时，合理的灌溉和排水措施有助于减少土壤中重金属的浓度。鉴于北方的降雨主要集中在 7—9 月，因此在生产过程中，有效地收集和储存雨水显得尤为重要。建议在枣园内建设蓄水池和蓄水窖，利用地形优势来拦截雨水，确保在枣树需水的关键时期能够使用这些储存的水资源。接下来，我们将详细探讨不同类型的灌溉方法和技术，包括灌溉水的种类、灌溉的最佳时期，以及山地和温室栽培中的灌溉策略。

（一）灌水种类

通常情况下，应选择使用较为安全的井水或清澈的河水进行灌溉，切忌使用工业废水和生活污水。在北方地区，降雨主要集中在 7 月、8 月和 9 月，因此土壤通常不会缺水。然而，山地的枣园容易发生水分流失，因此必须采取人工灌溉措施，及时补充水分。对于幼树的生长阶段、开花期、果实膨大期以及越冬期，需要增加灌溉量，而在其他时期则应减少灌溉。灌溉时，土壤湿润深度应控制在地表以下大约 30 厘米。在雨季，枣树的排水问题不容忽视。对于地下水位较高、排水不畅的园地，建议采用台田栽植法；对于地势低洼的园地，则应挖掘并定期维护排水沟。

（二）灌水时期

果园通常在全年四个关键时期进行灌溉：萌芽期、开花期、幼果期以及土壤解冻前，每次灌溉通常与施肥相结合。在植物生长的后期，施用 3% 的尿素，并配合磷钾肥。在花期，喷洒 0.3% 尿素与 0.3% 硼砂的混合溶液。每年主要进行四次浇水，每次结合施肥进行，分别安排在植物发芽前、开花期、幼果期以及封冻前。此外，根据天气干旱情况，适时进行额外的浇水。在 5 月份追施肥料后，应彻底浇水一次。随后，在一周内清除枣树行间的杂草。到了 7 月下旬至 8 月上旬，为促进果实的膨大，需浇灌适量的水分。同时，按照 1 ∶ 1 的比例，对土壤进行追施硫酸钾和磷酸二铵，每亩施用量为 15—20 千克（即硫酸钾和磷酸二铵各 7.5—10 千克）。施肥后，立即进行一次彻底的浇水，以助于枣果的生长。同样，在浇水后的一周内，再次清除枣树行间的杂草。进入 8 月份，正值高温季节，建议浇灌 1 至 2 次跑马水，以增加果园的湿度，从而预防落果现象。到了 11 月份，应浇灌冬水，选择在气温略低于冰点的晚上和白天不结冰的时期，即土壤上冻前一周（大约在 11 月内）进行，确保果树能够安全越冬。

（三）山地栽培灌水

山地枣园的水分管理措施涵盖了多项保水工程，如修建树盘和梯田，以及通过河流或水库引水。此外，还包括使用地膜覆盖和进行中耕除草以节约用水，以及利用积雪作为水源。在冬季，积雪被堆积在树干基部，待其融化后，再用塑料薄膜覆盖树盘，这样可以有效保持水分，效果可持续至 6 月甚至 7 月。

（四）温室栽培灌水

在温室中进行作物栽培时，灌溉应遵循“前期充足，后期控制，少量多次”的原则。种植后的前 20 天内应进行首次灌溉，随后在 7 月份之前，根据植物生长阶段适当控制灌溉频率，确保定植的第一年中灌溉 4—6 次。到了定植的第二年，植物开始结果，此时全年需灌溉 6—8 次。具体灌溉时机可选择在升温后至萌芽前、开花前、幼果期、果实快速生长期、成熟上色期以及果实采收后。在其他时段，应根据土壤湿度情况适时适量地进行灌溉。

采用膜下滴灌方式的，根据土壤水分含量监测数据，保持地面 20 厘米处土壤水分含量在 20% 以上，花期为增加空气湿度采取膜上漫灌方式。灌水时应关注天气变化，花期遇阴雨天须停止灌水。

图 4-12 萌芽期灌水

第六节 整形修剪

整形修剪在枣树的栽培管理中扮演着至关重要的角色，尤其对于高产密植的枣园而言，精确的整形修剪技术更是不可或缺。缺乏适宜的树形结构，将无法确保枣树能够早结果、早收获。粗放式的管理方法已经无法满足集约化生产的需求。因此，现代化的枣树栽培管理必须实施恰当的整形修剪策略，以形成符合枣树生长特性的树体结构。通过修剪，可以确保树冠内部的枝条分布合理，通风和光照条件得到优化，进而平衡生长与结果的关系。这样，树冠内的枝条得以年复一年地更新和复壮，从而确保枣树能够持续地高产、优质并稳定产出。

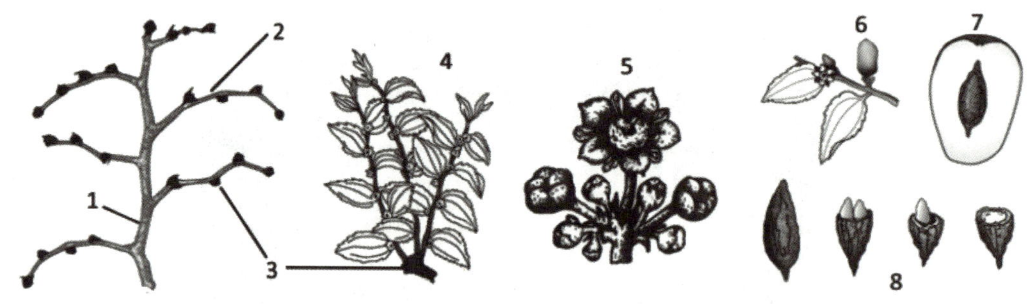

图 4-13 枣不同器官的形态

（1. 初梢 2. 次生梢 3. 结实母梢 4. 结实梢 5. 花序 6. 幼果 7. 成熟果纵切面 8. 核果和核）

一、幼树期

在枣树的栽培过程中，幼树期的植株特别容易出现单轴延伸的现象，分枝位置较高，导致树冠形成缓慢，难以迅速形成早期高产的树形结构。为了促进幼树早期丰产，必须巧妙利用一次枝上的主芽来培养主枝。具体做法是在栽植后将定干高度设定为 80 厘米，并剪除整形带内所有的二次枝，以刺激枣头的生长。将第一个枣头作为中心干进行培养，同时选择位置适宜的其他枣头培养成主枝，而多余的枣头则应去除或改造成为结果枝组。对于整形带以下的二次枝和细弱枝条，应从基部进行疏除，而强壮的枝条则在夏季进行摘心处理，以促进分枝的产生，有利于结果。同时，对整形带内的枣头枝进行适当摘心，以防止过旺生长，这有助于促进二次枝的延长和增粗，从而提早结果。此外，还应充分利用二次枝的主芽来培养主枝，例如在培养纺锤形树形时，定干高度同样为 80 厘米，剪口下第一个二次枝应从基部疏除，以促进中心干的健壮生长。当中心干上的主枝发出的二次枝直径达到 0.8 厘米以上时，可以保留一节进行修剪，以促进二次枝上的主芽萌发新的枣头。

在二次枝上的第一、二个主芽萌发形成的枣头，由于其基角较大且着生牢固，容易形成开张的主枝。合理利用这些主枝有助于构建幼树的结构，从而促进早期的丰产。在修剪过程中，对于直径小于 0.8 厘米的二次枝应保留不动，待来年再进行修剪以培养主枝。对于那些经过重剪发出枣吊的二次枝，可以将枣吊剪短 1/4，以刺激枣头的萌发。

此外，在对二次枝进行重剪时，应确保短截的枝条与母枝剪口保持一定的距离，以避免不发枝的情况。如果必须进行短截，应在二次枝着生部位的上方进行刻伤处理，以促进分枝的产生，这种方法通常效果显著，能够达到预期的目标。当中主干延长头表现出旺盛生长时，应在新梢生长达到 40—50 厘米时进行摘心处理，目的是促进下部主芽的健壮生长，使其成为主枝，进而有助于培养出丰满的树形。

图 4-14 幼树定干整形

二、盛果期

在这一时期，核心任务是平衡营养生长与生殖生长的关系，保持树木的丰产结构，防止外围枝条下垂，避免内部枝条干枯，控制顶端枝条的过度生长，以防止形成“树上长树”的现象，并对局部结果枝组进行更新。具体而言，应采取以下技术措施：实施疏剪、缩剪和放剪相结合的修剪方法，以维持树木的健康生长，控制树冠的进一步扩展，回缩那些下垂的骨干枝条，从而集中养分，确保果实的数量和品质。

为了提升枣树的坐果率，特别是三至八年生枣股上的枣吊，我们必须确保树上拥有大量具备结果能力的枣股。因此，持续对结果枝组进行更新至关重要。更新的策略包括控制、短截、回缩和培养等方法。为了优化树冠内部的光照条件，应采取疏除或回缩重叠、并生、轮生、徒长、干枯、细弱、密生以及无用的枝条，以打开光路并改善冠内通风和透光性。此外，通过适当改造骨干枝，我们可以使树体结构更加合理，确保主枝角度不垂下，侧枝角度大于主枝，侧枝长度小于主枝，并增加层间距。我们的目标是构建一个上稀下密、大枝稀小枝密、外围稀内膛密的树冠结构，使枝组紧凑，从而有效延长盛果期的年限。

图 4-15 盛果期放任树的修剪

三、衰老期

对于那些多年未经修剪的成年大树，应根据具体情况和树木的自然形态进行整形修剪，塑造出疏散分层、纺锤形或开心形的树体。通过降低树高和落头，使树高降至大约 4.5 米，以改善树木的通风和光照条件。同时，将直立枝条拉平，去除过于密集的枝条，回缩过长的枝条，一般保持冠径在 5 米左右。修剪时应先进行拉枝，随后进行疏枝，即先拉后锯，先调整枝条方向，再进行疏剪。夏季修剪时，应及时进行抹芽和枣头摘心。如果新生枣头有足够空间，在麦收前应尽早保留 3—5 个二次枝进行摘心。通过多次及时的抹芽和摘心，可以节约树体养分，减少落花落果，提高坐果率，改善果实品质。由于枣树容易生根蘖苗，导致多年未管理的枣园出现过密现象，建议进行疏间处理，即移除部分枣树。可以采用“三去一”的方法，即在三棵过密的树中移除中间的一棵，保留两边的植株。在疏间过程中，应去除老树，保留幼树；去除弱树，保留强树；移除所谓的“霸王树”，即那些植株过高过大，遮挡周围树木阳光，影响它们结果的树木。

枣树衰老时主要表现为：主干太高，输送着养分的根叶距离远，消耗营养太多，不利于结果；树干通直不开张，形如竹林，大枝枯死，枯顶焦梢，品质差，产量降低；主枝少而徒长，形似人字倒立，缺乏应有的结果枝组，无丰产枣园所具备的条件。

为了解决这些问题，必须充分认识到枣树是一种以结果实为主的树种，其培养的主要目标是生产枣子，而非获取木材，因此应当采取低干矮化的栽培方式，以扩大结果面积。此外，结果母枝也有其生命周期，通常在 1—2 年内长出红眼圪针，3—7 年达到盛果期，而到了 8—12 年则开始走向衰老（形成老拐侧枝），其结果能力逐渐减弱。当结果母枝达到 15 年时，它将进入死亡阶段，变成死拐侧枝。对于那些仍具备一定产枣能力的老枣树，改造修剪的基本原则应是“逐步推进，边产枣边更新”。

当枣树步入衰老期，应及时进行枝组的更新。具体操作为剪除老化的枝组，以利于新枝组的生长。对于那些连续多年结果的枝组，需要进行重度回缩，以刺激新枝组的萌发。这种更新措施建议每 5—6 年执行一次。至于侧枝的更新，通常涉及回缩延长枝的主头，并对侧枝进行重度回缩或重新培养新的侧枝主枝。具体做法是在主枝与主干保持一定距离的位置进行截枝，以促进主枝的重新生长。主枝更新分为三种类型：轻度更新大约回缩主枝的 1/3；中度更新回缩主枝的 1/2；重度更新则回缩主枝的 2/3 以上。同时，侧枝的回缩比例应与主枝保持一致。在执行主侧枝回缩时，应根据树木的整体状况和枝条的生长情况灵活调整。当枣树完全衰老时，进行树干更新，即大更新，从树干的健康部位锯掉整个树冠，以促进新树冠的形成。

具体操作方法为：根据枝条的年龄来塑造新的树形。挑选那些顶端优势明显的部位进行刻伤，并对梢部进行重度修剪，以促进后部的萌芽，形成新的枣头。在夏季抹芽时，应重点保留那些可利用的新芽，以培养新的枝条。对于新形成的枣头，可以暂时不修剪，让其自然生长；而对于临时利用的枣头，则可以在盛花初期进行摘心处理。到了第三年，可以将老枝疏除至新枝萌发的基部，以此达到更新的目的。这种方法更适合在平斜枝条上使用。对于那些直立向上、结果部位明显上移的枝条，可以使用铁丝将其弯曲成弓形，扭转至有足够空间的位置，使其成为“弓”形枝条，随后按照上述的修剪程序进行操作。对于那些影响通风和透光的密集枝条，应从基部一次性疏除。通过整株削弱与局部促进相结合的方法，可以同步进行重点培养和增产复壮。

图 4-16 老年树更新修剪

第七节　病虫害防治

一、主要病虫害防治

枣树易受多种病害侵袭，其中包括枣锈病、枣炭疽病、枣黑斑病以及枣疯病等。为了有效防治这些病害，应遵循以下流程：首先，对枣树病害进行详细调查；其次，根据调查结果制订出具体的防治计划；最后，执行这些防治措施。目前，针对枣树病害的防治手段主要包括农业防治和化学防治两大类。

（一）枣锈病

枣锈病是一种广泛传播的真菌性病害，其病原体属于担子菌门、锈菌目、锈菌科、锈菌属的枣层锈菌。这种病害主要侵袭枣树的叶片，且在我国的枣产区普遍发生。在气候阴湿且多雨的年份，枣锈病容易大规模爆发，造成严重的损害。当病害影响严重时，叶片会大量枯萎脱落，而枣果则会严重皱缩，失去商业价值。

枣锈病发生规律：病原菌在病芽和落叶中越冬，并通过气流传播引发感染。该病害能在田间多次进行再侵染，自 7 月下旬起开始显现，而 8—9 月的高温湿润季节则是其发病的高峰期。

枣锈病的防治方法有：①农业防治。及时清扫夏秋落落果并烧毁，发病初期摘除病叶减少病源，加强枣树管理，合理修剪，增强树势，提高枣树自身的抗病能力。②化学防治。春天枣芽萌动前喷 5 波美度石硫合剂，减少越冬病源菌基数。6 月中下旬用 77% 的氢氧化铜（可杀得）可湿性剂 500—800 倍液防治，进人 7 月份以后正是北方雨季，可连续用 2—3 次倍量式波尔多液 180—220 倍液（前期用 220 倍，后期可适当提高浓度用 180 倍），进入 9 月份用 10% 的多抗霉素 1000 倍液或用 80% 必备可湿性粉 400—600 倍液喷雾防治。

（二）枣炭疽病

枣炭疽病属于真菌病害，病原菌属于半知菌，树冠、枣园郁闭，通风透光不良的枣树发病严重。枣果感病初期，在果肩或果腰出现褐色斑点，斑点扩大形成带有淡黄色晕环的黑色斑，最后斑块中间产生圆形凹陷，病斑区果肉由淡绿色转为褐色。枣果感病后，生长量小、果肉糖分低，品质差，味苦。

枣炭疽病发生规律：枣炭疽病病菌可在枣头、枣股、枣吊和僵病果中越冬，随风雨或昆虫传播。该病菌孢子在 5 月中旬前后有降雨时即开始侵染传播，8 月上、中旬果实发病症状显现，后期高温多雨会加速侵染。

枣炭疽病的防治方法有：①农业防治。初冬彻底清除枣园里的枣吊、枣果及落叶，发病初期摘除病叶、病果。②化学防治。发病前第 1 次药改喷 12.5% 烯唑醇可湿性粉剂 1500 倍液，第 2 次喷 12% 腈菌唑乳油 2500 倍液，第 3 次喷 12% 腈菌唑乳油 2000 倍液。雨水过多年份，喷施 12% 腈菌唑乳油 2000 倍液，将施药间隔期缩为 10 天，连喷 5 次。

（三）枣黑斑病

枣黑斑病主要由链格孢菌引起，主要影响果实和叶片。当叶片受到感染，会在病叶上形成褐色或黑色的坏死斑点，严重时会导致叶片干枯。而感染的枣果则会出现黑色病斑，这些病斑可细分为红褐型、灰褐型、干腐型和疮痂型四种不同的症状类型。

黑斑病发生规律：黑斑病病菌可从幼果期一直侵染至白熟期，其主要在树体上越冬，并通过风雨和气流进行传播。该病菌主要通过绿盲蝽等刺吸性害虫造成的伤口进行侵染。此外，缺铁性黄叶的枣树也更容易受到此病的侵害。

枣黑斑病的防治方法有：①农业防治。早春前彻底清除枣园的枯枝落叶、病果及杂草，加强水肥管理，提高枣树的抗病能力。②化学防治。在冬枣抽枝展叶期开始喷 10% 世高水分散粒剂 1500 倍液、3% 克菌康可湿性粉剂 600 倍液或 25% 阿米西达悬浮剂 1500 倍液，为防止产生抗药性，可交替使用以上三种药剂。

（四）枣疯病

枣疯病，也称扫帚病或丛枝病，是一种极具破坏性的植物病害。该病在管理不善、树木生长势弱的枣园中尤为常见，尤其是在那些靠近侧柏林（菱纹叶蝉的主要越冬和繁殖地）的枣园。此外，那些间种红薯或芝麻的枣园，以及位于丘陵和山区的枣树，其发病率也相对较高。

枣疯病发生规律：当枣树受到病害侵袭，其叶片会呈现黄化现象，小枝条异常丛生，花器出现返祖现象，果实形状变得畸形，根部表皮也会腐烂。对于幼小的枣树而言，一旦感染此病，通常会在2—3年内死亡；而成年枣树若患病，则会逐年减产，树势逐渐衰弱，最终在数年后枯萎而亡。

枣疯病的防治方法有：①农业防治。选种抗枣疯病品种，严禁引用病区苗木和接穗，发现病株彻底刨除销毁。②化学防治。用土霉素、金霉素、四环素和板蓝根等药剂通过树干滴注药液的方式对患病枣树进行防治。

二、主要虫害防治

枣树常受多种害虫侵扰，其中包括枣飞象、绿盲蝽、枣尺蠖以及枣瘿蚊等主要害虫。针对这些虫害，防治流程包括三个步骤：首先，对枣树的虫害情况进行详细调查；其次，根据调查结果制订出针对性的防治计划；最后，执行这些具体的防治措施。在防治方法上，可以采用农业防治、生物防治以及化学防治等多种手段。

（一）枣飞象

枣飞象，亦称食芽象甲、枣灰象、芽门虎等，是枣树上最早出现的叶部害虫之一，普遍存在于各地的枣产区。在枣树萌芽期间，它们会啃食枣芽，严重时甚至会将枣芽啃食殆尽，导致枣树不得不进行二次萌芽，从而大幅降低产量。

针对枣飞象的农业防治措施包括：冬季深翻土壤以改善土质，早春及时清理并焚烧果园内的杂草、枯叶、间作物秸秆以及枣树根蘖的小苗，以减少害虫越冬卵的数量；在树冠下铺设地膜也是有效的预防手段。生物防治方面，通过保护和利用害虫天敌来控制害虫数量。化学防治方法则是在枣飞象成虫出土前，在树干周围1米范围内喷洒50%辛硫磷乳剂稀释300倍液，或使用48%天达毒死蜱稀释800倍液，或施用绿鹰（辛硫磷缓释剂），每株成树用量为15—20克，施药后需将土表混合均匀或覆土，以毒杀出土的成虫。

（二）枣尺蠖

枣尺蠖的幼虫对枣树的芽、蜜盘和叶片造成损害。它们在孵化初期会损害嫩芽，并通过吐丝缠绕来抑制叶片的生长。在枣树的展叶或开花期间，这些幼虫甚至能吃光整棵树的叶子和蜜盘，导致当年的产量完全丧失，并使树木的生长势减弱，进而影响到次年的产量。

枣尺蠖的农业防治和生物防治措施与枣飞象相似。化学防治方法是在幼虫大量出现时，使用50%辛硫磷乳油或2.5%溴氰菊酯乳油、20%杀灭菊酯乳油、20%来福灵乳油、2.5%功夫乳油稀释2000倍进行喷洒，最好在幼虫体长达到4—10毫米时连续施药。

（三）绿盲蝽

绿盲蝽属于半翅目盲蝽科。这种害虫主要损害枣树的幼芽、嫩叶、花蕾和幼果，导致新梢无法生长，叶片出现破洞，严重时甚至会导致绝产。

绿盲蝽的农业防治和生物防治措施与枣飞象相同。化学防治方法是在若虫羽化前，混合喷施6%吡虫啉稀释2000倍和4.5%高效氯氰菊酯稀释1500倍的药液。

（四）枣瘿蚊

枣瘿蚊属于双翅目瘿蚊科，分布于各个枣产区。在新枣区或新建的枣园中，枣瘿蚊的侵害往往更为严重。它们主要损害嫩枝和幼叶，阻碍叶片的正常光合作用，影响枣果的产量和质量，严重时会导致叶片脱落。

枣瘿蚊的农业防治和生物防治措施与枣飞象相似。化学防治方法是在枣树萌芽期和枣瘿蚊幼虫期施用1%苦参碱稀释500倍液或40%硫酸烟碱稀释800—1000倍液。

第五章　板栗栽培管理技术

第一节　概述

一、板栗的营养价值

板栗，作为我国重要的经济林树种，素有“铁杆庄稼”的美誉，不仅拥有巨大的研究与开发潜力,而且市场潜力巨大。随着“大粮食观”等理念的普及，板栗作为“木本粮食”的代表，将在保障国家粮食安全和推动乡村振兴战略中扮演愈发关键的角色。它富含蛋白质、碳水化合物、脂肪酸、微量元素和酚类等营养素，不仅满足了人们的营养需求，还有助于增强体质，成为理想的食品来源。据研究，板栗中淀粉含量约为 42.4%—57.1%，可溶性糖含量在 20%—32% 之间，蛋白质含量介于 5.3%—7.96%，膳食纤维含量为 4% 至 10%，脂肪含量在 2%—4%。每 100 克鲜栗果中，含有镁 50.0 毫克，铁 1.1 毫克，锌 0.57 毫克，铜 0.4 毫克，锰 1.53 毫克，钾 442.0 毫克，磷 89.0 毫克，钠 13.9 毫克，以及硒 1.13 微克，是人体获取矿物质的良好来源。除了这些常见的营养成分，板栗还含有原花青素、多酚等活性物质，具有抗氧化作用，有助于预防疾病。正如苏辙在《服栗》一诗中所描述：“老去日添腰脚病，山翁服栗旧传方。”

二、板栗生产现状

板栗拥有悠久的栽培历史，河北省至今仍存活着许多历经数百年甚至上千年的古老栗树。这种树种适应力强，广泛分布于我国的大部分地区，从北方的辽宁省延伸至南方的海南省，从西部的甘肃省扩展至东部沿海地区，覆盖了 24 个省（自治区、直辖市）。板栗的垂直分布范围从 50 米到 2800 米不等，其分布高度差达到了 2750 米。

作为板栗生产的主要国家，我国在栽培面积和产量方面均居世界首位。中国板栗以其卓越的品质和强大的抗逆性在国际上享有盛誉。据《中国林业和草原统计年鉴 2021》数据显示，2021 年中国板栗的总产量达到了 227.8 万吨，占全球产量的 75.1%。与 2000 年的产量（59.83 万吨）相比，2021 年的总产量增长了 3.81 倍。在过去的 10 年中，我国板栗生产保持了稳定的发展态势，尽管受到干旱等气候因素的影响，总体产量仍呈现出缓慢增长的趋势。河北省作为板栗生产的重要省份，其主要产区分布在燕山和太行山地区。河北省的板栗产量高达 40.87 万吨，占全国总产量（227.8 万吨）的 17.9% 以上，位居全国之首，有效地推动了承德、唐山、秦皇岛等燕山区域以及太行山区域的邢台农业经济和乡村振兴。近年来，保定的易县、阜平和涞水县大力发展板栗产业，其中易县的种植面积达到了 2.5 万亩，年产量为 3500 吨。

三、板栗产业发展前景

（一）资源优势

保定地区具备得天独厚的条件，适宜板栗的广泛种植。气候上，该地区昼夜温差大、无霜期长、日照充足，这些都极为有利于板栗树的生长；降水方面，多数区域在 7、8 月份降雨充沛，满足了板栗结果期对水分的需求；在光照强度上，板栗作为一种喜阳植物，在保定市充足的日照下生长得尤为旺盛；土地结构上，板栗树多生长在土壤肥沃的山区和斜坡地带。

（二）市场优势

保定地区的板栗产品在市场上具有显著的竞争优势。这里的板栗栽培管理规范，品种优良，品质上乘，因此经济效益较高。随着国内消费者生活水平的快速提升，人们越来越认识到板栗的营养价值和医疗价值，导致国内对板栗的需求量逐年增加。随着保定地区板栗种植规模的不断扩大，其优质产品也赢得了国际市场的认可，为开拓国际市场奠定了坚实基础，极大地激发了栗农种植板栗的热情。

（三）政策优势

保定市政府对板栗产业的发展给予了大力支持，从技术保障到产业发展规划都采取了有效措施，促进了板栗产业化的进程。该地区高度重视板栗产业，及时提供增产物资，推广病虫害防治的关键技术，并加强技术人员的专业服务能力。在全市的共同努力下，板栗产业已成为保定地区农民增收的重要途径。

第二节 主要栽培品种

一、大板红

该品种由河北省农林科学院昌黎果树研究所从实生树中精心挑选而出。2005 年，它成功通过了河北省林木品种审定委员会的良种审定。

在河北省，该品种的萌芽期通常出现在 4 月 18 日左右，展叶期则是在 4 月 28 日左右。雄花的盛花期定于 6 月 14 日左右，而新梢的生长则在 6 月 7 日左右停止。到了 9 月 16 日左右，果实便成熟了。雌花的形成相对容易，且该品种的果实产量颇高，嫁接后的第四年即可达到丰产。其果实品质优良，特别适合炒食。然而，该品种的抗旱能力较弱，因此更适合在条件较为优越的北方地区推广。自交结果率并不高，因此在种植时应注意配置合适的授粉树。此外，还需注意的是，该品种存在嫁接不亲和的问题。

图 5-1 “大板红”总苞和坚果

二、东陵明珠

东陵明珠板栗品种，由遵化市林业局于 1974 年从板栗实生大树中精心选育。该品种于 1987 年正式命名为“东陵明珠”，并在 2005 年通过了河北省的良种审定。在遵化地区，东陵明珠通常在 4 月 10 日左右开始萌芽，4 月中旬展开新叶，雄花在 6 月 6 日左右盛开，而雌花则在 6 月 15 日左右绽放。到了 9 月 15 日左右，果实便成熟。东陵明珠板栗品种不仅结果时间早，而且产量丰富，连续结果能力突出。其坚果品质上乘，加之该品种具有较强的适应性，即便在水肥条件较差的环境中也能茁壮成长。

图 5-2 “东陵明珠”总苞和坚果

三、燕宝

燕宝品种，由河北科技师范学院于 2005 年在河北省昌黎县两山乡长峪山村的实生大树中选育，2021 年经河北省林木品种审定委员会审定并命名。在昌黎地区，其萌芽期为 4 月 24 日，展叶期为 5 月 3 日左右，雄花的始花期为 5 月 23 日左右，盛花期为 6 月 12 日左右，而果实的成熟期则为 9 月 23 日左右。该品种适宜在山地、丘陵地区如京冀等地栽培。在树形管理上，推荐采用开心形或主干疏层形。嫁接后第一年，新梢无需摘心，而第二年春季应及时进行拉枝和刻芽，以促进当年结果。为了促进植株的健康成长，建议结合深翻扩穴施用 2000—4000 千克 / 亩的有机肥或绿肥，并在施肥后进行灌水。同时，应结合病虫害防治进行叶面喷肥。燕宝品质上乘，平均单果重可达 9 克，口感香甜且质地糯软。

图 5-3 “燕宝”丰产树

图 5-4 “燕宝”总苞和坚果

四、燕凤

源自河北科技师范学院的选育成果，“燕凤”品种于 2006 年在河北省唐山市迁西县洒河桥镇的安家峪村被发现。该品种以其优良的品质、稳定的高产性能、极强的抗旱能力和对贫瘠土壤的耐受性而被初步选为优良系。经过进一步的复选和区域试验，它持续展现出良好的表现和稳定的性状。河北科技师范学院于 2023 年向河北省林木品种审定委员会提交了林木品种审定申请。该品种的生长周期如下：4 月 22 日左右开始萌芽，5 月 5 日左右进入展叶期，雄花的初花期为 6 月 9 日左右，盛花期为 6 月 15 日左右，末花期为 6 月 19 日左右，果实成熟期大约在 9 月 5 日左右，落叶期则为 10 月 26 日左右。其坚果形状端正，呈椭圆形，深褐色，表面光亮，果尖明显，茸毛稀少，筋线不显著。底座中等大小，光滑，接线平滑，果皮薄，果仁呈黄白色，肉质细腻且香甜，单粒重约 7.8 克。此外，“燕凤”品种具有连续结果的能力，无大小年现象，产量高，在无额外肥水条件下仍能保持连年稳产高产。它还表现出极强的抗逆性，尤其在抗旱和耐瘠薄方面表现突出。

图 5-5 “燕凤”丰产树

图 5-6 “燕凤”总苞和坚果

五、燕光

昌黎果树研究所于 1974 年从迁西县崔家堡子村的实生树中精心挑选出此品种，它在河北的迁西、遵化、兴隆、迁安等地区广泛种植。2009 年，该品种成功通过了河北省林木品种审定委员会的审定。

此品种的萌芽期通常在 4 月 10 日—13 日之间，展叶期则在 4 月 25 日—26 日。雄花序的初花期为 5 月 15 日左右，而雄花的盛花期则落在 6 月 6 日至 9 日。雌花的盛花期紧随其后，从 6 月 11 日—13 日。果实的成熟期为 9 月 10 日—12 日，而落叶期则在 11 月 13 日—21 日。

该品种展现出了卓越的适应性和抗旱能力，即便是在贫瘠干旱的片麻岩山地和河滩沙地，它也能茁壮成长并结出果实。区域实验结果表明，其产量、品质、抗逆性等农艺性状表现一致，具有较高的结果率。此外，尚未发现该品种有严重的病虫害问题。

图 5-7 “燕光”总苞和坚果

六、燕金

昌黎果树研究所精选自河北省宽城县王厂沟村一处山地栗园的野生板栗，成功培育出一个早熟品种。该品种于2013年获得河北省林木品种审定委员会的正式审定。

在河北省燕山地区，此品种的板栗树在4月19日左右开始萌芽，5月5日左右展开新叶，雄花于6月14日左右盛开，紧接着在6月19日左右雌花也竞相绽放，而果实则在9月8日达到成熟期。

嫁接后的板栗树在第四年即可进入盛果期，平均产量可达3500千克每公顷，且表现出无大小年差异的稳定结果习性。该品种对干旱和土壤贫瘠具有良好的适应性，即便在缺水的片麻岩山地和贫瘠的河滩沙地上也能正常生长并结出果实。此外，它还展现出强大的抗寒能力，在板栗栽培区的北缘地带未出现冻害现象。幼树期即能开始结果，且产量颇丰。

图5-8 ‘燕金’总苞和坚果

七、燕宽

“燕宽”是昌黎果树研究所通过实生选优培育出的品种，其母株位于承德市宽城县下河西村。该品种已于2013年通过河北省林木品种审定委员会的审定。

在河北北部地区，该品种的萌芽期通常在4月17日左右，展叶期则在4月30日左右。雄花的盛花期出现在6月15日左右，而果实则在9月9日左右达到成熟。该品种具有早结果的特性，嫁接后两年内，结果株的比例可超过 50%，到了第四年便能进入盛果期。此外，它还表现出稳定的产量，没有大小年现象；对红蜘蛛具有较强的抵抗力，没有明显的病虫害问题；在耐旱和耐瘠薄方面表现突出；抗寒性强；果实耐贮性强，腐烂率低。

图 5-9 “燕宽”坚果和栗仁

八、燕丽

“燕丽”是河北科技师范学院的品种，选育始于 1998 年，源自青龙肖营子镇上打虎店村的一株实生树。该品种在河北的青龙、迁西、迁安、抚宁等地区均有广泛分布。经过河北省林木品种审定委员会的审定，于 2014 年正式认定。

在青龙地区，该品种的萌芽期通常出现在 4 月 24 日左右，展叶期则在 5 月 3 日左右。雄花序的出现时间是 5 月 21 日左右，而雄花的盛花期则始于 6 月 14 日左右。果实的成熟期则定在 9 月 17 日左右。嫁接后的第二年，该品种即可开始结果，到了第四年便能进入高产期。它具有很强的丰产稳产性，大小年现象不显著。坚果个头大，呈红褐色，外观吸引人，茸毛较少，底座较小；果肉为乳黄色，炒食时香、甜、糯三者兼备，非常适合糖炒。此外，该品种适应性极强，耐旱，即使在土壤贫瘠的片麻岩、花岗岩丘陵和山地也能正常生长和结果。因此，它非常适合在我国北方的板栗园产区推广种植。

图 5-10 “燕丽”丰产树

图 5-11 “燕丽”总苞和坚果

九、燕龙

“燕龙”是河北科技师范学院的实生品种，选育自 1996 年，其母树坐落于河北省青龙娄丈子乡后擦岭村。该树种在河北省的青龙、迁西、遵化、抚宁等地区广泛种植，并在河北邢台、北京昌平、山东泰安等地有少量分布。2009 年，它通过了河北省林木品种审定委员会的审定。

在河北昌黎地区，该树种通常在 4 月中旬开始萌芽，4 月下旬展开新叶。雄花的盛花期出现在 6 月中旬，新梢的生长则在 6 月上旬停止。果实通常在 9 月中旬成熟，而落叶期则在 11 月上旬。幼树生长旺盛，雌花易于形成，且结果较早，产量高。嫁接后的第二年，即可进入高产期，且产量稳定，大小年现象不明显。树体适中，树姿半开张，雄花较少，连续结果能力强。其果实品质优良，口感佳，适合炒食。此外，该树种适应性和抗逆性较强，即使在干旱缺水的片麻岩、花岗岩山地也能正常生长和结果。因此，它非常适合在我国北方的板栗产区进行栽植和发展。

图 5-12 ‘燕龙’总苞和坚果

十、燕明

“燕明”是昌黎果树研究所于 1984 年从实生树中精选出的品种，其母树位于河北省抚宁县后明山村。该品种在河北的迁西、遵化、兴隆、迁安等北部山区广泛分布。2002 年，它通过了河北省林木品种审定委员会的审定。

在河北北部山区，该品种的萌芽期通常在 4 月 16 日左右，展叶期为 4 月 27 日左右，雄花盛开期为 6 月 17 日左右，而果实则在 9 月下旬成熟。幼树生长极为旺盛，雌花容易形成，结果期早，嫁接后第三至第四年即可进入高产期。成年大树产量高且稳定，不存在大小年现象。果实的膨大期恰巧避开了蛀果性害虫的产卵高峰期，因此食心虫害较少。树体高大，树姿半开张；结果早，产量极高，连续结果能力强；坚果粒大，成熟期较晚；适应性和抗逆性强，能在干旱缺水的片麻岩山地、土壤贫瘠的河滩等恶劣环境中生长。因此，该品种非常适合在我国北方的板栗产区进行栽植和发展。

图 5-13 “燕明”总苞和坚果

十一、燕秋

“燕秋”是河北科技师范学院于 2001 年在河北省青龙满族自治县肖营子镇五指山村的实生树中精选而出的品种。经过河北省林木品种审定委员会的审定，该品种于 2014 年正式通过。在河北青龙地区，该品种的萌芽期为 4 月 24 日左右，展叶期为 5 月 3 日左右。雄花序于 5 月 23 日左右开始出现，6 月 15 日左右达到雄花盛花期，终花期则为 6 月 20 日左右。坚果成熟期为 9 月 5 日左右，而落叶期则在 11 月 2 日至 5 日之间。通过嫁接，该品种在第二年即可开始结果，第三年便能进入高产期。即便对结果母枝进行短截，它仍具备一定的结果能力，并且具有很强的连续结果能力。因此，它非常适合在土层深厚、肥水管理得当的栗园中种植。由于其早结果、高产量的特性，加上结果母枝短截后的良好结果能力以及连续结果的强韧性，该品种在适宜的栗园中具有很好的发展潜力。

图 5-14 “燕秋”丰产树

图 5-15 “燕秋”总苞和坚果

十二、燕山早丰

“燕山早丰”是河北省农林科学院昌黎果树研究所从实生板栗树中精心挑选出原代号为 3113 的品种。该品种以其早熟、高产、抗病性强、耐干旱和瘠薄的特性而著称，目前已成为京津冀地区种植面积最广的品种。

在河北北部山区，该品种的生长周期如下：4 月 16—17 日开始萌芽，4 月 25—26 日展开新叶，6 月 10 日左右迎来雄花的盛花期，新梢生长在 6 月 7 日左右停止，果实则在 9 月 3—4 日成熟，而落叶期则在 11 月 2—4 日。树体适中，树姿呈半开张状；它不仅结果早，产量高，而且连续结果能力出众；坚果成熟期极早，品质上乘，口感佳，非常适合炒食。此外，该品种适应性广泛，耐旱且耐瘠薄，非常适合在我国北方板栗产区推广种植。

图 5-16 “燕山早丰”总苞和坚果

十三、燕紫

“燕紫”是河北科技师范学院于2000年选育出的果树品种，其母树坐落于河北省青龙满族自治县肖营子镇高丽铺村。目前，该品种已在河北省的青龙、迁西、迁安、抚宁等地区广泛种植。2014年，它通过了河北省林木品种审定委员会的审定。

在青龙地区，该果树品种的萌芽期为4月22日左右，雄花序盛开期为6月14日左右，终花期为6月21日左右，而果实成熟期则为9月15日左右，成熟过程集中且整齐划一。幼树生长迅速，雌花容易形成，且结果较早，嫁接后的第二年即可开始结果。该品种具有很高的丰产稳产性，从第四年开始进入高产期，并且大小年现象不显著。此外，它还具有很强的适应性，无论是在片麻岩山地还是河滩沙地，都能正常生长并结出果实，且能承受较为粗放的管理方式。适宜在我国北方板栗产区栽植发展。

图5-17 “燕紫”结果枝

图5-18 “燕紫”总苞和坚果

十四、紫珀

“紫珀”是遵化市林业局于 1988 年在遵化市北峪村发现了一种新的实生板栗品种。该品种于 2004 年通过了河北省的良种审定。

在河北北部山区，这种板栗树的生长周期如下：4 月 22 日左右开始萌芽，5 月 4 日左右展开新叶，6 月 15 日左右达到雄花盛开的高峰期，而果实的成熟期则是在 9 月 18 日左右，最终在 10 月 31 日左右进入落叶期。对于一至四年生的幼树，主要采取夏季摘心的管理方式；而五至八年生的树木，则以冬季短截修剪为主。该品种具有早期结果、高单位面积产量以及栗果品质优良的特点。此外，结果母枝适合进行短截修剪，易于控制树冠，因此它是一个适合矮化密植栽培的理想品种。

图 5-19 “紫珀”总苞和坚果

第三节　苗木培育

一、实生苗培育

（一）种子适时采集及处理

适时采收至关重要，因为过早采摘会导致种子未完全成熟，容易腐烂，发芽率低；而采收过晚则会使板栗坚果失水严重，不利于后期储藏。为了确保育苗效果，应当收集那些自然成熟的坚果。具体而言，应选择那些自然脱落且无病虫害的坚果作为播种材料。

板栗坚果具有“怕旱、怕湿、怕热、怕霜”的特性。据调查，采收后若开放放置 20 天，其失水量可超过 50%。然而，湿度过高同样容易导致坚果腐烂。此外，温度的极端变化，无论是过高还是过低，都可能降低种子的品质。因此，采收后对板栗种子进行合理储藏显得尤为关键。目前，板栗种子的储藏方法包括沙藏、低温储藏、气调储藏等多种方式。由于成本低廉且储藏方便，沙藏在板栗主产区得到了广泛的应用。

在背阴干燥的地方挖一个 60—100 厘米深、100 厘米宽的沟，沟的长度根据板栗种子的数量来确定，用于种子的储藏。首先，在沟底铺上一层 10 厘米厚的干净湿沙，然后将种子按照沙子与种子 3 ∶ 1 的比例分层放置，每层之间再铺上大约 10 厘米厚的湿沙。当距离储藏沟顶端 10 厘米时，只铺放湿沙。沙堆的顶端通常覆土成土丘状，并在其上覆盖防水布。湿沙的含水量应以手握成团，手松沙散为宜。当种子数量较多时，每隔 1 米应插入一束草把，以利于通风。如果沙藏的种子较少，栗农也会采用室内沙藏法，这样可以省去挖沟的工作。室内沙藏通常采用一层湿沙一层种子的堆放方法，每层湿沙厚约 10 厘米，呈圆锥形堆放，最后确保边缘种子和最上端种子覆盖不少于 10 厘米的湿沙。储藏后，每隔两周应检查一次沙子的含水量，以防止过干。板栗种子一般需要沙藏 2—3 个月。为了确保出苗整齐，在播种前，可以进行催苗处理。

（二）播种

当土壤温度达到 10 ℃—15 ℃时，即可开始播种板栗种子。在河北秦皇岛地区，播种通常安排在 4 月中旬左右。播种时，推荐使用畦播技术，畦床宽度设置在 1—1.2 米，并在播种前施加充足的底肥和灌溉水分。采用条状播种方式，行距应保持在 30 厘米，不宜过窄，以免影响后续的嫁接或移栽作业。鉴于板栗种子体积较大，建议采用点播法，株距控制在 10—15 厘米，播种深度约为 5 厘米，种子应横向放置（若种子经过催芽处理，则确保胚芽朝下），随后覆盖细土。使用耙子将土壤表面整平后，充分浇水，待表土稍干时，适当松土以预防土壤硬化。

（三）苗期管理

1. 水肥管理

在播种后的 10—20 天内，应进行首次浇水，并在浇水后立即松散表层土壤。出苗后，需避免直接向幼苗浇水，以免造成积水。苗期的灌溉和排水同样重要，特别是板栗幼苗对水淹非常敏感。在 6 月至 7 月期间，建议每隔 15 天喷施一次 0.3% 尿素和 0.3% 磷酸二氢钾的混合液，以促进植物生长。

2. 病虫害防治

苗期的病害相对较少，但虫害问题不容忽视，常见的有金龟子和刺蛾幼虫等。对于这些害虫，可以使用敌百虫、溴氰菊酯、灭扫利等广谱性杀虫剂进行喷雾防治。为了预防立枯病和根腐病，建议在 6—7 月期间，使用甲基托布津或多菌灵 800 至 1000 倍液交替喷洒 2—3 次。

3. 越冬管理

在栗园土壤开始冻结之前，应浇一次封冻水，以防止枝条因冻害而干枯。到了春季，萌芽前再浇一次返青水，这有助于栗苗恢复生长。

二、嫁接苗培育

（一）培育优质砧木

挑选与当地气候条件相适应的品种或野生板栗，从中选出无病虫害且完全成熟的种子，以培育砧木苗。

（二）挑选优质接穗

选取产量高、品质优的品种作为接穗来源，采集树冠中上部芽体充实的一年生枝条。接穗的采集时间应在落叶后至萌芽前30天内，将采集的接穗以每50根为一捆，每根长度保持在15—25厘米（确保至少有两个饱满的芽点），进行窖藏或沙藏。若条件允许，可采用低温储藏。储藏时，温度应控制在0 ℃—5 ℃之间，并确保湿度适宜。若湿度不足，可对接穗进行蜡封处理，或用湿报纸包裹后装入塑料袋中，并扎紧袋口。

（三）嫁接适期

嫁接工作应在砧木开始萌动后进行，不宜过早。以河北秦皇岛地区为例，通常在4月中下旬进行。由于板栗的繁殖系数较低，一般采用枝接法，常见的嫁接技术包括插皮舌接、皮下腹接或劈接等。这些方法操作简便，砧穗接触面积大，存活率较高。

（四）嫁接后的管理

嫁接后7—10天应检查存活情况，若接穗成活，则可解除包扎；若未成活，则需及时进行补接。嫁接部位易生出大量萌蘖，应及时清除，以免与接穗争夺养分，有时需多次进行此项工作。当接穗新梢长至40厘米时，应对新梢顶端的8—10厘米进行摘心处理，以促进分枝生长。在第二年的8月下旬之前，还需进行1—2次摘心管理。

由于接穗生长迅速，可能会出现头重脚轻的情况，为防止机械外力和强风导致接穗折断，需进行绑扎立柱。使用竹竿斜插入土，并与接穗绑扎在一起，注意绑扎不宜过紧，以免对接穗造成机械损伤。当接穗与砧木愈合良好后，可去除立柱。春季，接穗新梢常受到金龟子、刺蛾幼虫等害虫的侵害，可采用波尔多液等药剂进行防治。

三、苗木出圃及优质苗标准

理想的板栗苗木应具备品种纯正、芽体健壮、达到一定高度与粗度、根系发达且无病虫害、无机械损伤的特点。一级苗木的标准为：平均高度超过1米，地径超过1厘米，侧根长度超过20厘米，侧根数量超过5条，且完全无病虫害。苗木分级完成后，应以每 50 株为一组进行捆绑，并附上标明品种信息的标签。

第四节　建园与栽植

一、板栗建园

（一）园区选择

板栗树偏好阳光和温暖的环境，若光照不足，其枝条易枯萎。因此，选择园区位置时，应优先考虑阳光充沛的区域。作为一种对锰元素需求较高的植物，板栗树适宜在微酸性（pH 值介于 5—6 之间）、富含有机质的土壤中生长。若土壤中锰元素含量不足，会导致叶片变黄，进而削弱光合作用的效率。此外，园区的选址还应远离各种污染源，以确保板栗树的健康生长。

（二）建园

1. 园地整理

栗园通常位于山区，那里的水肥条件往往不佳。因此，本文将重点介绍山地栗园的建设。山地栗园建设的首要任务是整理梯田。水平梯田不仅有助于土壤、肥料和水分的保持，还便于后期的打药和施肥机械化作业。梯田的宽度应根据坡度大小和板栗的栽种行距来确定，通常板栗行距为 3—5 米，株距为 2—4 米。因此，如果梯面较窄，只栽种一行即可，切勿贪多。一般建议在梯面中间稍靠外沿处种植栗树。当梯面较宽，可种植两行或更多时，应采用品字形种植模式。在平整梯田的同时，应规划好排水沟，每个梯面最内侧应挖一个排水沟，所有梯田的排水沟最终应汇入总排水沟。栽植前约一个月，在梯面中间挖一条深 70 厘米的沟，沟中混入充分腐熟的有机肥或农家肥（约 1000 千克／亩），或者根据市场上的品牌说明施用生物菌肥，然后回填 10 厘米的土壤。栽种时，挖一个深 50 厘米、宽 40 厘米的定植穴，每株树施用过磷酸钙 1 千克。

2. 苗木选择

可以选择实生苗或嫁接苗，但无论哪种，都应优先考虑当地的优良品种。苗木应无严重病虫害和机械损伤，主干距地面 20 厘米处的粗度应超过 1 厘米，苗高约为 150 厘米，且根系发达。由于板栗多为异花授粉，使用嫁接苗时，应根据园地面积选择 3—5 个品种进行搭配，以主栽品种为主，授粉树品种的比例可按 4—5 ： 1 配置。

3. 苗木出土

苗木出土可以采用人工或使用钩机等机械设备，但应注意减少机械损伤，尤其是根系损伤。栽植前，应对劈裂根和过长的主根进行断根处理。

4. 栽植时间及前处理

在河北地区，板栗通常采用春季栽植。春季栽植管理期短，管护成本低，一般在 4 月上旬进行，此时地温上升，有利于伤口愈合。栽种前，使用 ABT 3 号生根粉（500 毫克 / 升）蘸根栽培（蘸根 3 秒）。如果来不及立即栽种，应进行假植，有条件的话，可以将苗木存放在地窖或 - 1℃至 4℃的冷库中，用湿麻袋覆盖根部。假植或冷库存储的苗木在定植前应浸泡水 12 小时，然后使用 ABT3 号生根粉（500 毫克 / 升）蘸根栽植，假植或冷库存储的苗木应在 5 天内完成栽种。

5. 栽植方法

栽植时，要确保根系舒展，栗苗位于穴的中心，一人扶苗，一人填土。当填土至穴的 2/3 时，稍微提起栗苗，使根系舒展，踩实穴土，然后继续填土至穴满，再次踩实。注意不要将填土深度埋过栗苗原土痕。栽好后，整理树盘，并浇足水。待土壤稍微干燥后，进行松土，并覆盖地膜。

6. 苗期管理

幼苗成活后，在苗木长至 80—100 厘米时进行定干，剪去侧枝，并在剪口处涂抹愈合剂，以防止伤口感染。此外，在 6—7 月，每 15 天喷施一次 0. 3% 尿素和 0. 3% 磷酸二氢钾的混合液，以促进生长。在地势开阔、光照充足的地区，由于夏季高温，可以进行树干涂白以防止日灼。幼苗的根系吸水能力较弱，应注意及时浇水，防止过旱。此外，在栗园上冻之前，可以浇一次封冻水，以防抽条。

第五节 土肥水管理

板栗在我国的分布极为广泛，尤其是燕山地区的板栗，主要生长在低山丘陵地带。然而，由于地理位置的限制，管理不善时，杂草与板栗争夺养分的问题时有发生。因此，为了提升板栗的品质与产量，科学地管理土壤、肥料和水分显得至关重要。

一、土壤管理

（一）栗园生草法

该方法适用于树干周围的恢复，春夏季节的草本植物主要用于板栗园的斜坡边缘，以防止水土流失。在秋季干旱期间，割草覆盖树盘或犁地能够有效改善土壤的物理和化学特性。应选择适应性强、耐贫瘠、养分消耗低的禾本科植物，例如草木樨、龙须草等。无论是人工种植草本植物还是自然生长的草本，无论是山地还是平地的板栗园，都应适时进行采收。草屑可以就地覆盖在树盘中，以减少水分的地面蒸发。

（二）合理间作

在稀疏种植的幼龄板栗园或未开垦的板栗园中，可以间作豆科或绿肥作物，以促进板栗树的生长发育，提升土壤肥力，进而提高板栗园的经济效益。应避免种植与板栗树竞争水分、肥料和光照的作物，确保土地的利用与养护相结合。

二、合理施肥

（一）萌芽前施肥

在早春土壤解冻后，及时施用磷肥、尿素以及硼复合肥等，能够有效促进板栗树的生长发育，增强树体的活力，并有助于减少空苞现象。

（二）花期前后追肥

尿素的施用主要集中在花期前后，以促进果实坐果和幼果的健康成长。建议在 3 月底至 4 月初，即幼苗出土前进行施肥，此时施用 50—80 千克分解的农家肥，有利于促进开花；而到了7月中旬至8月，施用10—20千克腐熟的农家肥，可有效提升果实的饱满度。追肥时应注意施肥深度，宜浅不宜深，先进行松土，然后撒施化肥，并将其翻入土壤中。

（三）栗仁膨大期追肥

在燕山地区，于7月底至8月初追施复合肥，配合使用1—2千克尿素和适量的磷钾肥，能够有效促进果实的生长和提高果实的饱满度。追肥时同样要保持施肥深度适宜，先松土，再撒肥，最后翻入土壤。

（四）基肥施用

秋收后，应进行沟施或穴施基肥。可选用农家肥或绿肥作为基肥。对于初结果的树，每株建议施用20—40千克；对于大树，则每株施用50—100千克。除了传统的施肥方法，河北、北京等地还采用了爆破松土扩穴施肥技术，该技术能有效改善半风化硬土的结构，使之变得松散，从而提高施肥效果。

三、水分管理

（一）灌水的时期

1. 发芽前

板栗树在其生长周期和休眠期间均需保持充足的水分。春季若长期干旱缺雨，将影响花芽的正常分化，从而降低当年及次年的产量。因此，春季的降雨和适时的灌溉至关重要。灌溉后，应立即进行浅层松土和草料覆盖，以助于水分的保持。

2. 新梢速长期

春季是新梢生长的高峰期，此时充足的水分供应能显著促进新梢的生长和增强其健壮程度。

3. 果实迅速膨大期

在燕山地区，板栗果实从7月下旬至8月上旬开始迅速膨大。此时，充足的雨水或灌溉对于作物的生长、产量提升和品质改善具有重要作用。

（二）灌溉方法

1. 利用山地栗园径流灌溉

在山区，灌溉条件较为困难。除了蓄水和保持土壤湿润外，可在树下挖掘沟渠以蓄积雨水。这种方法不仅节约了劳动力，还能确保树下根系获得充足的水分。

2. 覆盖保墒

覆盖材料可以是农作物秸秆、树叶等，地膜覆盖也十分普遍。覆盖后能够减少雨水的径流，防止水土流失，增加雨水的渗透，并在减少水分蒸发的同时保持土壤中的水分。秸秆覆盖还能降低夏季中午的土壤温度，在寒冷地区则有助于提高冬季土壤温度，从而促进根系的健康发育。除了秸秆覆盖，地膜覆盖也是一种有效方法，其良好的透光性、较差的导热性和防水特性，使其覆盖在幼树的树冠投影区域时，能够改善局部生态环境，促进栗树的生长发育。

3. 节水灌溉

在水资源稀缺的板栗园中，可以采用小管出流或滴灌技术。通过滴头缓慢释放水流，直接渗透至根系分布层的土壤中。这种方法具有节水、省力、节能等优点，特别适合于山区水源较少、地形复杂的板栗园。

第六节 整形修剪

整形是依据板栗树的生长发育特性及生产需求，通过适度修剪来培养理想树形的技术手段。修剪涉及去除板栗树的部分叶片、小枝、花朵、芽体和果实，以及进行剪截操作，旨在平衡其生殖生长与营养生长，涵盖生长季和冬季的修剪工作。

一、整形

（一）树形要求

板栗树的整形通常采用小冠疏层形与自然开心形。在缓坡地区，自然开心形更为适宜，要求树高不超过 3 米，树冠呈开放式，有利于通风和透光，促进果实内部生长。小冠疏层形则更适合陡坡地区，通过在主枝上直接培育结果枝，可以减少养分运输消耗，有助于提早成熟和提高产量。目前，板栗生产中普遍采用自然开心形，因其管理简便，易于实现高产稳产。

（二）合理的结果枝分布

在不影响主干枝条生长的前提下，应尽可能保留幼树的结果母枝。在生长旺盛的幼树上，当新梢长至约 30 厘米时，应进行摘心处理，以促进分枝和早期结果。

在果期修剪时，应确保枝群分布与树体结构合理，去除过于密集的营养枝。自然开心形树形下，可保留三个不同方向的主枝，并在每个主枝上培育 2—3 个错落有致的侧枝，以防止相互干扰。通过枝群轮作和更新，可以调节营养生长与生殖生长的平衡。

二、修剪

（一）不同季节的修剪方式

板栗的主要修剪季节为夏季和冬季。夏季修剪通常在开花期进行，有助于促进雌花生长，提高结实率和产量。夏季修剪技术包括摘心、扭梢、拉枝等。然而，由于立地条件和经济效益等因素，夏季修剪在实际生产中较少应用，栗农更多采用冬季修剪。

冬季修剪的最佳时期是从落叶后到来年春天萌芽前。此时进行整形修剪，有助于板栗树的良好生长发育。修剪方法包括拉枝、甩放、疏除、短截等。此外，种植人员需要清除五年生左右板栗树基部的萌芽、下脚枝叶、密集重叠的、枯死的、含病虫害的枝条。随着栗树年龄增长，及时清除老枝，培育新的主枝，建立新的树冠，以保证其良好的生长条件。

（二）不同树龄的管理

在板栗盛果期，适当修剪树冠和主干的延伸枝，以保留承载母枝的品质。在修剪部分大枝和秃枝时，可将秃枝稍加改造，形成结果母枝，这样既可增加结果枝数，又可提高板栗果实产量。加强整枝修剪，控制板栗枝条的生长，保证每根枝条的营养均衡，增强通风透光性，做好追肥，促使栗树生长健旺，保证果实的品质。

为保证板栗树的良好生长，可以根据树龄进行针对性的修剪。若树老化严重，可采用挖树补苗的方法，或剪掉旧枝，嫁接新接穗以避免“空膛”。若轻度老化，则稍微修剪干枝与病枝，然后在第二年新枝出现时调整生长枝和母枝生长方向。在修剪老栗树时，要兼顾板栗树来年的果实产量和枝条的生长质量，确保其良好生长，从而达到修剪的目的。

对于板栗矮干和小冠树形的修剪方法，这类树形的主干通常不超过 50 厘米，树高不超过 2.5 米。在修剪时，应尽量减少四年以上等多年生枝条，保持小冠树形，注意保持板栗园的长期通风和透光性，及时疏除无效枝，对母枝进行修剪和控制，有效控制板栗园整体枝量，稳定内膛母枝质量，避免旺长郁闭。

三、板栗“抓大放小”修剪技术

（一）“抓大放小”修剪技术概念

该技术主要针对板栗树的过高、过密、直立、交叉、重叠、下垂的大中型枝组进行疏除，以实现树体的合理化管理。具体而言，一年生枝条不进行修剪，而逐年将树体高度控制在 3—5 米之间，主枝数量维持在 3—4 个。每平方米树冠投影面积应保持有11—15个健壮的结果母枝，这一方法适用于大多数板栗品种（系）。

（二）“抓大放小”修剪技术方法

需要评估园内板栗树的整体生长状况，以确定一年生结果枝的修剪比例：对于生长旺盛的树，建议修剪比例约为30%；对于生长适中的树，比例约为50%；对于生长较弱的树，则建议修剪比例提升至70%左右。

1. 规范管理的板栗生产园

在第一至二年期间，评估园内板栗树的生长状况，并明确修剪比例。接着，疏除3—8个过于密集、过高或过粗的多年生枝组，而小枝则不进行修剪，以此调整树体结构。进入第3年及以后，根据树势和枝组的分布情况，继续选择性地疏除直立、重叠、交叉的大中型枝组，每年逐步进行，总体原则是去除大枝，保留小枝（仅疏除大枝或枝组，小枝保持不动）。

2. 低产低效的郁闭板栗园

在第一至二年期间，根据郁闭程度进行合理的间伐，保留的永久植株应疏除2—3个过于密集、过高或过粗的多年生枝组（优先考虑年份较大的枝组），小枝不修剪；同时降低树高1—2米。到了第三至四年，再次评估园内板栗树的生长状况，明确修剪比例，疏除3—8个过于密集、过高或过粗的多年生枝组（优先考虑年份较大的枝组），小枝不修剪，调整树体结构。从第五年开始及以后，根据树势和枝组的分布情况，继续选择性地疏除直立、重叠、交叉的大中型枝组，每年逐步进行，总体原则依旧是去除大枝，保留小枝（仅疏除大枝或枝组，小枝保持不动）。

3. 粗放管理的大树板栗园

第一年，疏除1—2个过密、过高、过粗的多年生骨干枝组，小枝不修剪（骨干枝组过大可多年渐次完成疏除）；降低树高1—2米。

第二至三年，继续疏除1—2个过密、过高、过粗的多年生骨干枝组，小枝不修剪（第1年未疏除完全的过大骨干枝组可继续疏除）；继续降低树高2—4米。

第四年，判断园地板栗树势，明确修剪比例，疏除 3—8 个过密、过高、过粗的多年生枝组（优先考虑年份大的），小枝不修剪（第 1—3 年未疏除完全的过大骨干枝组仍可继续疏除），继续降低树高，同时调整树体结构。

第五年及以后，依据树势、枝组排布，继续选择疏除直立、重叠、交叉的大中型枝组，每年逐次进行，总体原则去大枝，留小枝（只疏除大枝或枝组，小枝一律不动）。

图 5-20 “抓大放小”前

图 5-21 “抓大放小”后

（三）“抓大放小”修剪技术注意问题

据树势生长情况，用几年时间达到修剪目标，不能急于求成；明晰修剪占比，每年修剪量不应超过枝总数的 1/3，以免树木过度生长；疏除大枝的伤口处，注意及时涂抹愈合剂；抓大放小修剪之后，应及时补充肥水，加强营养。

第七节　低产林改造技术

当前，板栗产业中仍存在一些产量较低的林地，这些低产林地主要呈现出以下特点：首先，它们可能是通过实生栽植或存在品种混杂的情况；其次，这些林地的栽培管理较为粗放，导致树木过高、过于密集，或遭受病虫害的严重影响；再次，树形结构不合理，多年生枝条过多，一年生枝条较少，枝条的分布和组合不均衡。除此之外，板栗低产林通常产量不高，经济效益较差。为了提升这些低产林的产量和效益，可以考虑通过嫁接优质品种的接穗来实现品种的更新换代。

一、接前准备

（一）林地整理

在进行低产林嫁接前，必须彻底清理林地，首先清除杂草、杂树和树根。接着，确保有足够的实生砧木苗得以保留，适宜的密度为每公顷420—900株。同时，根据地形特点，对栗园进行带状或条状规划，调整株行距至大约3米×4米—4米×6米，以便于后续管理。

（二）优选适宜嫁接的品种

应根据栗园所在地区的气候条件、土壤理化特性以及土地面积等因素，筛选出2—3个主要的优良品种。这些主栽品种通常应具备高嫁接亲和力、强适应性、优质丰产以及较好的抗病虫害能力。鉴于板栗是异花授粉植物，为了提升授粉效率和果实产量，需合理配置授粉品种或授粉枝。对于生长旺盛的板栗树，可以直接利用骨干枝进行改良；而对于生长状况不佳的板栗树，则应先进行复壮处理，然后再进行嫁接改良。为确保产量和经济效益，高接换种工作应在1—3年内逐步完成。

（三）选择良种接穗

1. 提前采集健壮的接穗

嫁接用的接穗应来自无病虫害、抗性强、生长健壮且正处于结果期的优质母株。采集时，应选择母株中上部粗壮、带有饱满芽且无病虫害的一年生枝条，枝条直径在 0.7—1.2 厘米之间为佳。

2. 接穗的蜡封和贮藏

在条件允许的情况下，最好随采随接。若无法立即嫁接，则需将接穗进行窖藏或沙藏，或者采用蜡封低温保存。蜡封时，确保接穗两端剪口处被石蜡完全包裹，蘸蜡时动作要迅速，温度不宜过高，且蜡封前后接穗不得接触水分。蜡封完成后，应标注好采集时间及品种信息，并将接穗存放在冷库中，严格控制温度和湿度。

（四）合理确定改接时间

嫁接时间的选择对接穗的成活率有显著影响。通常情况下，嫁接应在树体发芽前进行，即在春季气温稳定超过 15 ℃，砧木芽开始萌动而叶片尚未展开时，此时成活率最高。选择嫁接的天气以无风的阴天为佳。

二、嫁接技术

通常采用插皮舌接、皮下腹接和劈接三种方法对板栗树进行嫁接。为了迅速成形，通常选择板栗树的骨干枝条，保留 20—30 厘米长度后进行截干，去除顶部，平整切口，并选择表面光滑的一面作为切面。挑选大小合适且带有饱满芽点的接穗，将接穗下端一面斜削成长 5—7 厘米的长斜面，另一面削成长 2—3 厘米的小斜面，确保削面深入至木质部。在砧木离皮后，将接穗插入砧木中，确保砧木和接穗的形成层紧密结合，然后在嫁接接口处用塑料条缠绕绑扎，以提升嫁接的成活率。

三、嫁接后的管理

嫁接完成后，需要加强树体的管理。在嫁接后的当年，要进行补接、除萌、绑缚和摘心等操作。嫁接结束后的 7 天内应进行观察，对于未能成活的接穗，在原嫁接口下方进行补接。

由于嫁接时移除了较多的枝干，会激发隐芽的萌发，特别是在接穗和砧木的愈伤组织发育完全之前，输导组织尚未完全畅通。因此，需要及时去除萌芽，以减少养分的消耗。一般需要连续进行 3—5 次的除萌操作。

当接穗的新梢长至约 30 厘米时，可以解除嫁接时使用的绑缚材料，并搭建支柱，将新梢绑缚在防风支柱上，以防止风害折断(参见板栗苗木培育章节)。当新梢长至约 60 厘米时，嫁接部位已愈合完全，确保砧木与接穗愈合良好后，可以解开新梢与支柱的绑缚条，以免影响枝条的正常生长。为了促进树冠的形成和分枝，需要对新梢进行摘心处理。当接穗新梢长到 40 厘米时，进行第一次摘心，以促进新梢增粗和芽体饱满，待萌发 2—3 个二次梢后再进行第二次摘心。在次年的 8 月下旬之前，可以再次进行 1—2 次摘心管理。

四、板栗倒置嫁接

板栗低产林管理困难、低产低效，要想实现优质丰产，进行改优换种工作尤为重要。传统的板栗嫁接方法存在一些问题，如接穗枝条的开张角度较小，生长过于旺盛，以及接穗容易劈裂等。针对这些问题，河北科技师范学院的板栗研究团队进行了专门的研究，并创新性地提出了倒置嫁接技术。这一技术不仅有效促进了板栗的早期结果，还实现了提早丰产。

倒置嫁接，顾名思义，是指将接穗从下方插入砧木中，嫁接初期，接穗的形态学上端实际上是朝下的。具体操作上，接穗的切割方式与常规嫁接技术相同。区别在于，在砧木上制作一个倒置的丁字形切口，在丁字形横切口下方 2 厘米处，向上切割出一个深入木质部的月牙形切面，直至丁字形横切口。然后，将接穗从下向上插入砧木中，并用塑料条紧密包裹，确保伤口不外露。春季树皮松动时，可以进行板栗的倒置嫁接，确保接穗至少保留两个芽点，并尽量使这些芽点位于长切面水平上方的两侧。到了 8 月上旬至中旬，对新梢在弯曲点进行软化处理，有助于扩大角度。

经过调查研究发现：①板栗倒置嫁接的成活率与传统嫁接方法相当，均能达到 85%；②板栗倒置嫁接操作简便，省时高效，无需进行解绑和摘心处理；③倒置嫁接时，基角可达到 145°，腰角大约为 90°，这不仅缓和了树木的生长势，还有效预防了嫁接后的劈裂现象；④通过改善光照条件，新梢的旺盛生长得到了有效控制，进而促进了树冠内部结果；⑤树木的高度得到了有效控制，通常保持在 3 至 5 米以下；⑥采用该技术嫁接的板栗树，第二年即可实现高产。这项技术对于改造低产低效的板栗园具有良好的效果，经济效益显著，并且具有广泛的应用潜力。

第八节　病虫害防治

一、病害防治

（一）果实病害

1. 栗炭疽病

围小丛壳菌，即栗炭疽病的病原体，主要侵袭板栗果实，导致栗蓬提前脱落以及贮藏期间种仁的腐烂。该病原菌主要在树木的枝干部位越冬，待到第二年，通过风雨传播的分生孢子会在栗蓬、枝条和叶片上引发疾病。受感染的叶片将出现褐色圆形或不规则形状的病斑。而被侵染的枝干表面则会形成黑色圆形且光滑的病斑，随后逐渐失水并腐烂。

为防治此病，建议在冬季对整个栽培园进行深翻和修剪，彻底清除园内所有染病的枝条、叶片、果实及刺苞，并将它们集中深埋或焚烧。到了春季，应在芽萌发前喷洒一次波美 3 度的石硫合剂。同时，增加肥料和水分的供给，以增强树木的生长势，从而提高其对疾病的抵抗力。在夏季，特别是在多雨的年份或在发病较重的板栗园，建议对栗树喷施 2500 倍的 50% 苯菌灵溶液，或 600 至 800 倍的 50% 多菌灵可湿性粉剂，总共喷施三次。

2. 栗种仁斑点病

栗仁斑点病是板栗果实的主要病害之一，受感染的栗仁会在其表面形成坏死的黑斑、褐斑或腐烂型斑点。该病害由链格孢、炭疽菌和镰刀菌等多种真菌引起，具有传染性。这些真菌通常在 6 月和 7 月开始侵入果实，并在成熟期之前表现出症状。在采收期，病粒数量较多，而在采后沙藏和收购期间，病情发展尤为迅速。加工期是发病的高峰期。

为了有效防治栗仁斑点病，建议采取以下措施：减少氮肥的施用，增加磷钾肥的施用，以增强树势并提高树体的抗病能力；及时清除病死枝条，并刮除树枝上的病斑，以减少病菌的来源；结合药物防治，喷施杀菌剂。在芽萌动期和落叶期，分别喷施福涂 20 毫升与龙得乐 20 克混合液，兑水 15 千克，以清除枝干上越冬的病菌；在6—8月期间，同样剂量的混合液应喷施3至4次。

（二）芽、叶病害

1. 栗白粉病

桤叉丝壳和栅球针壳是引发板栗白粉病的病原体，这两种真菌均隶属于子囊菌亚门。病原主要在病叶和树梢中越冬，到了次年，它们通过分生孢子侵染新生的叶片和枝梢，对板栗的生长造成严重威胁。板栗白粉病广泛影响全国板栗产区的叶片、幼芽和新梢。一旦初次感染，叶片上会出现黄斑，随后黄斑上会覆盖一层白粉，进而形成灰白色的菌丝层和分生孢子。随着黄斑的扩散，白粉数量增多，嫩叶受感染后会扭曲变形，生长停滞。

为防治板栗白粉病，建议在冬季进行清园工作，并配合修剪措施，剪除并销毁病枝和病芽。为了减少次年的病原数量，可以对树体喷洒3—5波美度的石硫合剂，以减轻来年的发病情况。此外，合理施肥，避免植株过度生长也是重要的预防措施。目前，常用的防治药剂包括800倍稀释的50%甲基托布津可湿性粉剂、600倍稀释的50%退菌特可湿性粉剂、1000倍稀释的50%苯来特可湿性粉剂、1000倍稀释的50%多菌灵可湿性粉剂，以及波美0.3—0.5度的石硫合剂等。

2. 栗锈病

栗膨痂锈菌和担子菌亚门真菌是导致栗锈病的病原体。叶片一旦受到感染，其背面会出现褐色的疱状锈斑。随着锈斑的破裂，黄色的粉末会显露出来。在栗树落叶季节之前，病斑背面会形成带有冬孢子堆的蜡质状褐色斑点。这种病害通常在8—9月期间爆发，病原菌的夏孢子能够在受感染的落叶中越冬。

为了防治这种病害，建议在8—9月发病初期使用1∶1∶100的波尔多液，或者12.5%的欧博悬浮剂稀释3000倍，又或者12.5%敌力康可湿性粉剂稀释2000倍进行喷洒。此外，冬季进行果园清理，结合修剪工作，清除并焚烧落叶和病枝，也是有效的预防措施。

（三）枝干病害

1. 栗疫病

寄生内座壳菌，作为板栗疫病的病原体，隶属于子囊菌亚门的真菌类。这种病菌主要通过风雨或动物媒介进行传播，偏好侵袭栗树的伤口，包括由冻害、机械损伤、虫害以及嫁接和修剪造成的伤口。因此，树体的受伤程度和自愈能力对板栗疫病的发生有着显著影响。在我国主要的板栗产区，该病害普遍存在，轻则导致枝梢枯萎，重则导致整株树死亡，从而引起产量下降。受感染的枝干表皮会出现褐色的圆形或不规则形状的病斑，随后病斑隆起并向四周扩散。在隆起的部位内部，有时会散发出酒糟味的液体，随后受感染的部位开始失水干缩并凹陷。在阴雨天气，病菌的分生孢子器会伸出丝状孢子角。

为了防治板栗疫病，建议采取以下措施：在冬季进行清园作业，结合修剪，剪除枯死、生长势弱的枝条以及病斑较大的枝干，彻底清除所有枯死的枝叶，并连根挖除枯死的植株。在挖除后的穴内施用生石灰进行消毒。紧接着，使用 500 倍的敌克松溶液进行喷洒，每 15 天喷施一次，连续喷洒三次。若发现有昆虫侵害新生芽和叶片，应立即使用敌杀死进行防治，以减少枝叶的损伤。

图 5-22 栗疫病

2. 栗树腐烂病

在栗树腐烂病的早期阶段，受感染的区域会形成轻微隆起的红褐色水渍状斑点。随着这些斑点的干缩和表皮的龟裂，黄色的分生孢子器开始显现。在阴雨天气，可见黄色的卷须状分生孢子角突出。到了秋季，褐色的病菌子座会在病斑上形成。小枝条的病情发展迅速，暗褐色的病斑处会出现黑色的分生孢子器。每年的 3—4 月，病菌开始活跃，并通过风雨传播，通常从修剪或嫁接造成的伤口侵入。树木的生长势和抗旱能力的强弱与病情的轻重有着密切的关联。

为了防治这种病害，建议在栗树发芽前和落叶后，对树干喷洒 1000 倍的福涂或 100 倍的施纳宁，以清除树干上的病原菌。此外，可以使用龙得乐 20 克兑水 30 克进行预防喷施。在生长期，同样使用龙得乐 20 克兑水 30 克，并加入 1000 倍的福涂。建议每 15—20 天喷施一次，全年喷施 3—4 次。

3. 栗树胴枯病

栗树胴枯病是一种全球性的栗树疾病，其分布范围极为广泛，对栗树造成的危害极为严重，主要影响栗树的枝干部分。在病害的初期阶段，受感染的树皮会出现轻微隆起的红褐色圆形或不规则形状的水渍状斑点，并且会从内部渗出黄褐色的液体。在死亡的树皮中，可以观察到白色菌丝体的生长。到了发病的后期，病害部位会因失水而干缩并出现凹陷，形成黑色的子座。这些子座一旦从树皮表面突出，其顶部会由黄色转变为黄褐色或黑色，而在潮湿的空气中，黄褐色的卷须状孢子角会从子座中冒出。病原菌通过树体的伤口侵入，并在病斑中以菌丝和分生孢子的形式越冬。从春季萌芽开始，病害迅速发展，初期最为严重，随着温度的降低，病害的发展速度会减缓。

为了防治栗树胴枯病，应采取以下措施：合理施肥，适当修剪，以增强树体的抗病能力；清除病原，防止植株受伤；在冬季使用石硫合剂渣子和石灰混合后，对树干进行涂白处理；及时清除病害部位，并用 3 度石硫合剂进行消毒处理。

二、虫害防治

在着手保护栗树之前，我们必须深入了解各种害虫。由于这些害虫各自拥有独特的生存习性和破坏手段，因此，采取有效的策略来控制栗树害虫显得尤为关键。

（一）桃蛀螟

桃蛀螟，亦名桃蛀心虫，近年来对栗树的侵害日益严重。幼虫主要以栗树的刺苞为食。这种害虫一年四季均可见其踪迹，且各代之间存在世代重叠现象。第一代和第二代幼虫通常侵害桃子、李子和苹果，而第三代和第四代幼虫则转向向日葵、栗子等作物。当幼虫侵入栗果时，会在其中留下颗粒状的排泄物。成虫则偏好夜间活动，具有较强的趋光性，它们在果实或刺苞内产卵，幼虫在穿透果实接近子房的过程中，会从空腔中排出大量粪便，导致受害的刺苞干枯并容易脱落。

针对桃蛀螟的防治措施包括：①在冬季收集并集中焚烧受虫害的栗苞，同时对栗园进行翻耕，深挖并覆土处理；②板栗成熟后应立即采收，并及时进行脱壳处理，以避免幼虫取食；③春季在栗园中种植向日葵以吸引并捕获幼虫，待到 10 月初剪除花盘并焚烧；④每年 8 月份，可利用悬挂性诱剂（每亩 1 个）和黑光灯（每 30 亩 1 个）等方法进行诱杀。

图 5-23 桃蛀螟幼虫和成虫

（二）栗瘿蜂

栗瘿蜂是一种每年仅发生一代的害虫，其幼虫在受害的芽内越冬，并在次年栗树萌芽时开始活动。幼虫会在老树的芽内化蛹，而成虫则会在6月初至8月初期间不断羽化。栗瘿蜂展现出强烈的趋光性。当栗瘿蜂侵袭栗树时，会在栗树的春芽上产卵并导致虫瘿的形成。这些虫瘿通常呈现为瘤状、圆形或椭圆形的硬质结构，阻碍了新枝条的生长。严重的虫瘿感染会导致大量枝条死亡，极大地减少甚至导致板栗产量的绝收。

防治栗瘿蜂的方法包括：①生物防治。减少化学农药的使用，保护栗瘿蜂的天敌中华长尾绿蜂，它对栗瘿蜂幼虫的寄生率非常高。在减少农药使用的栗园中，中华长尾绿蜂对抑制栗瘿蜂种群具有显著效果。此外，从4月初至9月初，在栗园中设置黑光灯，以吸引并捕捉栗瘿蜂成虫。②人工防治。在板栗萌芽前，及时剪除枯枝，并在5月底之前彻底摘除虫瘿，以消灭越冬幼虫。③药剂防治。该方法适用于栗瘿蜂天敌较少的栗园。在成虫盛发期，对栗树喷洒氰戊菊酯乳油1500倍液，或高效氯氰菊酯加吡虫啉1000—1500倍液，可以有效提高防治效果。

（三）板栗红蜘蛛

又名栗叶螨或栗小爪螨，这种害虫主要侵袭栗树的叶片。其侵害行为会在叶片上（特别是叶脉两侧）造成苍白斑点，严重时叶片会变黄并逐渐枯萎，这会抑制光合作用，导致树势减弱和果实稀疏，从而严重影响栗树的生长和产量。

针对板栗红蜘蛛的防治措施包括：①化学药剂防治。在早春3月份，可以采用0.1波美度的石硫合剂进行喷洒，连续喷洒3至5次，以达到杀菌和杀灭虫卵的效果。②物理防治。在4月底至5月初，通过刮除树皮的方法去除越冬虫卵，随后使用20倍的久效磷或10倍的乐果进行涂抹，涂抹后晾干并重复一次，最后用塑料布包裹涂抹部位以防人畜中毒。③生物药剂防治。在虫卵集中孵化的5月初，可以喷洒15%哒螨灵乳油3000倍液、5%尼索朗2000倍液或20%杀螨净2000倍液。④在6月中至7月初，若虫口密度较高，可使用73%克螨特3000倍液或15%哒螨灵3000倍液进行树冠喷雾。为防止抗药性产生，建议在生产中交替使用这些药剂。

图 5-24 板栗红蜘蛛

（四）栗实象甲

亦称为坚果象虫或栗实象虫。成年昆虫偏好食用新芽和幼果，并在栗苞外部钻孔产卵。幼虫在果实内部活动时，会留下排泄物，导致栗果受到污染，品质下降，无法食用。此外，种皮的破损使得受害的栗果更易霉变和腐烂，进而导致产量减少和果实脱落。

针对栗实象甲的防治措施包括：①清除杂树和杂草等潜在寄主植物，以减少栗实象甲的食物来源和越冬栖息地，并及时收集并妥善处理掉落的刺苞，例如深埋或焚烧。②在土壤冻结前，对栗园进行至少 20 厘米深的翻土作业，以清除幼虫越冬的土壤环境。③在 7 月中下旬，向土壤中施用 5% 辛硫磷药剂（每亩 10 千克），或使用 50% 辛硫磷乳油稀释 1000 倍后喷洒，喷药后进行浅层锄耕，以防止成虫破土而出。④及时收获成熟的栗果，并清理地面上残留的板栗和栗蓬，以防止幼虫通过受害果实进入土壤越冬。

参考文献

[1] 董绒叶 . 柿优质丰产栽培品种选择与实用技术 [J]. 南方农业，2021，15（26）：56-57.

[2] 龚榜初，王仁梓，杨勇 . 柿优质丰产栽培实用技术 [M]. 北京：中国林业出版社，2011.

[3] 罗正荣．国内外柿产业现状与发展趋势 [J]. 落叶果树，2018，50（5）：1-4.

[4] 罗正荣，王仁梓 . 甜柿优质丰产栽培技术彩色图说 [M]. 北京：中国农业出版社，2001.

[5] 扈惠灵 . 柿丰产栽培新技术 [M]. 北京：中国科学技术出版社，2017.

[6] 王劲风，方正明 . 甜柿引种栽培 [M]. 北京：中国农业出版社，1995.

[7] 王仁梓 . 柿病虫害及防治原色图册 [M]. 北京：金盾出版社，2006.

[8] 王文江，王仁梓 . 柿优良品种及无公害栽培技术 [M]. 北京：中国农业出版社，2007.

[9] 河北省地方标准《优质柿生产技术规程》，河北省质量技术监督局发布，2003.

[10] 国家林业和草原局 . 中国林业和草原统计年鉴 2021[M]. 北京：中国林业出版社，2022.

[11] 裴东，鲁新政 . 中国核桃种质资源 [M]. 北京：中国林业出版社，2011.

[12] 郗荣庭，张毅萍 . 中国果树志：核桃卷 [M]. 北京：中国林业出版社，1996.

[13] 张志华，王红霞，赵书岗 . 核桃安全优质高效生产配套技术 [M]. 北京：中国农业出版社，2009.

[14] 郗荣庭，张志华 . 清香核桃 [M]. 北京：中国农业出版社，2014.

[15] 郗荣庭 . 中国果树科学与实践：核桃 [M]. 西安：陕西科学技术出版社，

2015.

[16] 张志华，裴东．核桃学 [M]. 北京：中国农业出版社，2018.

[17] 王红霞，赵书岗，张志华．核桃修剪七日通 [M]. 北京：中国农业出版社，2020.

[18] 赵书岗，王文江，齐永顺，等．河北省干果产业发展现状与对策 [J]. 河北农业大学学报（社会科学版），2020，22（4）：61-67.

[19] 刘警，于秋香，李扬，等．我国核桃生产的现状、问题及发展对策 [J]. 北方果树，2020（6）：38-41.

[20] 曹亚龙．新时期我国核桃产业发展现状、问题及对策 [D]. 郑州：河南农业大学，2022.

[21] 敖妍．文冠果栽培实用技术 [M]. 北京：中国林业出版社，2021.

[22] 李博生．文冠果丰产栽培实用技术 [M]. 北京：中国林业出版社，2010.

[23] 阮成江，杨长文，冉秦，等．文冠果丰产栽培管理技术 [M]. 北京：阳光出版社，2022.

[24] 河北省地方标准．文冠果育苗技术规程（DB13/T 2536-2017）[S]. 河北省质量技术监督局，2017.

[25] 辽宁省地方标准．文冠果丰产栽培技术规程（DB21/T 3462-2021）[S]. 辽宁省市场监督管理局，2021.

[26] 张家口市地方标准．文冠果栽培技术规程（DB1307/T 132-2021）[S]. 张家口市市场监督管理局，2021.

[27] 艾建伟，赵天宇，侯新民，等．枣树常见病害的发生症状及防治措施 [J]. 现代农业科技，2010（13）：202-203.

[28] 董丽欣，梁国军，施丽丽，等．酸枣绿盲蝽的发生规律与防治方法 [J]. 河北果树，2023（2）：60-61.

[29] 郭晓成，李倩娥．枣树栽培新技术 [M]. 西安：西北农林科技大学出版社，2005.

[30] 姜玉松，姜奎年，刘硖，等．枣树绿盲蝽的生物学特性及综合防治技术

[J]. 落叶果树，2006（3）：35-37.

[31] 李景先，刘学增 . 枣矮化密植园早期丰产栽培技术 [J]. 河北果树，2008（6）：52-53.

[32] 李素杰 . 枣树整形修剪技术 [J]. 现代农村科技，2014（5）：33.

[33] 李占俊，王立仙，李占辉，等 . 山东沾化冬枣产业现状及发展对策 [J]. 中国果菜，2023，43（7）：71-74.

[34] 刘孟军，刘平，刘志国 . 中国鲜枣产业发展阶段划分及其展望 [J]. 果农之友，2022（5）：4-6.

[35] 刘孟军，王玖瑞 . 新中国果树科学研究 70 年：枣 [J]. 果树学报，2019，36（10）：1369-1381.

[36] 刘孟军，王玖瑞，刘平，等 . 中国枣生产与科研成就及前沿进展 [J]. 园艺学报，2015，42（9）：1683-1698.

[37] 刘妮雅 . 供给侧结构性改革背景下中国枣产业经济发展问题研究 [D]. 保定：河北农业大学，2018.

[38] 聂利胜 . 枣树整形修剪技术及害虫防治 [J]. 山西果树，2017（1）：38-40.

[39] 邵东玲 . 鲜食枣优质栽培管理技术 [J]. 落叶果树，2016，48（1）：48-49.

[40] 孙正，崔冰阳，赵宇轩 . 河北省枣产业布局及提质升级策略 [J]. 中国果树，2023（8）：136-140.

[41] 王奎武 . 枣树整形修剪技术 [J]. 烟台果树，2016（1）：43-44.

[42] 王鹏，马艳丽 . 枣树常见病虫害及其防治措施 [J]. 防护林科技，2011（2）：105-108.

[43] 王雪花，蒋万峰 . 枣树不同生育时期整形修剪技术要点 [J]. 现代园艺，2018（7）：79-80.

[44] 王植桐 . 冬枣主要侵染性病害及综合防治技术 [J]. 果农之友，2018（4）：29-31.

[45] 吴鹏．冬枣育苗技术 [J]. 现代农业科技，2014（21）：86-86.

[46] 吴玉洲，张新权．枣树整形修剪技术 [J]. 北方园艺，2013（1）：37-38.

[47] 李小艳，段鹏慧，张兴亮，等．板栗果实酚类物质及其抗氧化活性研究 [J]. 食品与发酵工业，2023，49（4）：138-144.

[48] 周葵，张雅媛，游向荣，等．板栗粉食品的开发利用研究进展 [J]. 食品研究与开发，2021，42（5）：201-206.

[49] FAN Z. Properties and Food Uses of Chestnut Flour and Starch[J].Food and Bioprocess Technology，2017，10：1173-1191.

[50] FRATI A，LANDI D，MARINELLI C，et al. Nutraceutical properties of chestnut flours：beneficial effects on skeletal muscle atrophy[J].Food Func，2014，5（11）：2870-2882.

[51] 王同坤，汪民，等．中国板栗种质资源 [M]. 北京：中国林业出版社，2020.

[52] 张宇和，柳鎏，梁维坚，等．中国果树志：板栗 榛子卷 [M]. 北京：中国林业出版社，2005.

[53] 聂兴华，李伊然，田寿乐，等．中国板栗品种（系）DNA 指纹图谱构建及其遗传多样性分析 [J]. 园艺学报，2022，49（11）：2313-2324.

[54] 易善军．我国板栗产业发展现状及策略 [J]. 西部林业科学，2017，46（5）：132-134.

[55] 高翔．河北省板栗产业发展问题研究 [J]. 经济师，2018（4）：147-149.

[56] 刘晓书，刘芳，张俊．京津冀地区板栗产业布局及前景分析 [J]. 中国果树，2022（2）：99-102.

[57] 魏永宝，马翠芬，张百芹．燕山板栗新品种：大板红 [J]. 农村科技开发，1994（3）：16.

[58] 王广鹏．燕山板栗新品种：燕奎 [J]. 中国果业信息，2013，30（5）：

73.

[59] 赵叶红 . 板栗丰产稳产整形修剪技术 [J]. 果农之友，2023（1）：37-38.

[60] 宋晓楠，张程辉，张贺凤，等 . 板栗无公害有机栽培与病虫害综合防治技术研究 [J]. 南方农机，2019，50（20）：1-2.

[61] 王林 . 安徽板栗枝干病害发生的特点和防治对策 [J]. 花卉，2017（16）：217-218.

[62] 肖劲萍 . 板栗的栽培管理与病虫害防治 [J]. 现代园艺，2017（8）：24.

[63] 公庆党，孟晓烨，丁彬，等 . 板栗矮干小冠树形修剪方法 [J]. 山东林业科技，2023，53（2）：73-75.

[64] 徐艳梅 . 鞍山地区实生板栗低产园嫁接改造技术 [J]. 园艺与种苗，2022，42（11）：40-42.

[65] 程守国 . 宁国山区板栗低产林改造增效技术 [J]. 现代农业科技，2023（13）：134-137.

[66] 张荣，孙启金，张继亮，等 . 泰安市岱岳区板栗低产园改造技术研究 [J]. 现代农业研究，2021，27（8）：15-16.

[67] 罗克婵 . 浅谈板栗低产园改造技术 [J]. 农村实用技术，2019（12）：102-103.

[68] 王永红 . 岳西县板栗新品种及低产林改造技术 [J]. 安徽林业科技，2019，45（2）：35-37.

[69] 刘敬国，徐宁，王世伟，等 . 板栗低产园丰产改造技术 [J]. 农村经济与科技，2018，29（4）：31-32.

[70] 胖灵波 . 低产老板栗园刻皮嵌枝嫁接改造技术 [J]. 中国果树，2015（4）：71-73.

[71] 唐洪普 . 板栗主要虫害栗实象危害规律及防治方法探析 [J]. 园艺与种苗，2016（9）：60-62.

[72] 刘敏．板栗的主要虫害防治技术［J］．中国农业信息，2017（14）：74-75.

[73] 雷恒久．燕山地区板栗主要虫害绿色防治技术研究［D］．北京：北京林业大学，2009.

[74] 朱苏敏．板栗红蜘蛛及栗实象甲防治技术［J］．果农之友，2023（6）：81-83.

[75] 葛良霞．板栗主要病虫害的防治技术［J］．南方农业，2021，15（36）：33-35.